世界主要国家科技发展重点领域遴选研究

世界主要国家科技发展重点领域研究组　编著

组　长：刘细文　吴　鸣

副组长：王　辉　靳　茜

成　员：杨小薇　林　巧　张　迪

電子工業出版社
Publishing House of Electronics Industry
北京 · BEIJING

内 容 简 介

本书以 Web of Science ™核心合集数据库为数据源，按照 Web of Science ™类别分别对美国、日本、英国、韩国、欧盟和中国等国家和地区发表的论文进行收集、整理和分析，归纳各国已经开展的重点研究领域；选择美国、日本、英国、韩国、欧盟和中国在国家和地区及其主要机构层面资助的科技项目，以及战略规划为研究对象，进行归纳和分析，归纳世界各国正在进行的及未来规划的科技发展重点领域。从研究领域、科研资助、产业社会 3 个维度，研究设计了国家科技发展重点领域综合分析框架及其指标权重，采用定量分析和定性调研相结合的方法，遴选出美国、日本、英国、韩国、欧盟和中国的科技发展重点领域，并对世界主要国家科技发展重点领域的共性布局和特色布局进行了比较研究，可为我国科技发展重点领域规划和布局提供重要的决策参考依据。

本书适合政府科技管理部门和科研机构的管理者、科技战略研究人员和相关学科领域的研究人员阅读参考。

图书在版编目 (CIP) 数据

世界主要国家科技发展重点领域遴选研究/世界主要国家科技发展重点领域研究组编著. —北京：电子工业出版社，2018.3

ISBN 978-7-121-33614-0

I. ①世… II. ①世… III. ①科技发展－研究－世界 IV. ①N11

中国版本图书馆 CIP 数据核字（2018）第 020738 号

策划编辑：徐蔷薇
责任编辑：赵　娜
印　　刷：北京盛通商印快线网络科技有限公司
装　　订：北京盛通商印快线网络科技有限公司
出版发行：电子工业出版社
　　　　　北京市海淀区万寿路 173 信箱　　邮编：100036
开　　本：720×1000　1/16　印张：14.5　字数：211 千字　彩插：2
版　　次：2018 年 3 月第 1 版
印　　次：2022 年 4 月第 3 次印刷
定　　价：79.80 元

凡所购买电子工业出版社图书有缺损问题，请向购买书店调换。若书店售缺，请与本社发行部联系，联系及邮购电话：（010）88254888，88258888。

质量投诉请发邮件至zlts@phei.com.cn，盗版侵权举报请发邮件至dbqq@phei.com.cn。

本书咨询联系方式：xuqw@phei.com.cn。

前　言

发展科学技术是全人类共同的事业。在知识经济时代，科学技术成了发展的第一推动力。科学研究也不再仅仅是满足人们认识自然的好奇心，而是成了改造客观自然的思想和工具之一。世界各国在制定发展战略，组织国际竞争时，都自觉或不自觉地将科学研究、高新技术研发、技术型产业发展等作为其战略手段与政策工具加以使用。

科研管理部门在制订和实施科技计划时，十分关注不同国家的重点科技发展领域、重点学科发展方向。某一国家科研领域和方向的布局，一直是科学政策和学科政策关注的焦点。在我们的科技情报工作中，科研管理领导、科研管理人员、管理机构等经常提出重点学科领域选择和布局的问题。实际上，各国都依据本国发展优势和国家战略选择，制订优先发展的科技方向，根据战略目标、科技目标和科研能力水平等，确立投入强度。这些领域布局发展目标等数据可以为分析学科领域发展提供支持，这也是学科情报研究工作的立足点和情报分析的逻辑起点。

当科学研究、技术创新成为一个国家和政府的战略选择后，国家和政府部门会依据科技的战略布局，组织编制发展规划、战略计划等，筹划科学研究和技术研发项目。国家在科技领域的战略选择也就体现在这些规划和战略中，并通过学科领域的战略规划推动科学与技术的发展，实现国家的科技战略目标。进一步，国家围绕科学目标、技术目标和社会目标，提出需要探索的科学问题和需要解决的技术难题，然后规划优先发展的学科领域，确定投资强度。同时，科学共同体根据国家战略规划，提出科学研究与技术开发方案，开展科学问题的探索与技术研发。国家科研管理部门（含基金会等）接受科研人员提出的研究建议后，进行评审、归类和协调，通过专家讨论与评议，遴选科研项目，最终按照国家科技战略目标要求，以科研项目形式向科学共同体部署科研任务。最后再由科研人员按照科学研究的规范执行和完成科研任务。科学研究和技术研发的成果大多以论文和专利形式体现，发表在科技期刊中，或在专利申请中公开。科技论文是科学研究成果的重要体现形式。因此，国家科技规划、科技战略、科研项目、科技论文等的领域和方面布局，从客观上体现了一个国家的科技战略目标和政策安排。

本书是国家科技图书文献中心（NSTL）支持的研究成果。

在国家科技图书文献中心（NSTL）项目支持下，选用了 WOS（Web of Knowledge）数据库、国家科技战略与规划、科研项目执行计划等数据，按照科研过程的执行阶段（学科领域规划、科研项目、论文、投入强度等），综合分析了美国、日本、英国、韩国、欧盟和中国的学科领域布局状态，通过综合评分框架确定了重点的发展学科和方向。

本书基于 WOS 的期刊分类标准，按照传统的学科分类，对学科发展领域进行对比分析。同时，由于 WOS 并不能全面涵盖科学研究的重要成果，使统计的数据分析不能与具体的学科问题完全对应。文献计量学用于评价学科发展状态，也在诸多方面受到诟病，存在一些粗糙和不精确的问题。然而，这些非精确性的相关关系，就是开展有效科技情报工作的吸引力所在；通过多问题、多维度的相关性分析，可以得出宏观性的情报结论。本书从情报分析的角度，利用公开数据（战略文本、科研项目、经费、科研论文等），揭示了若干国家和地区科学研究领域的分布状态。这些结果对于了解美国、日本、英国、韩国、欧盟和中国的学科发展布局具有参考价值，其情报分析方法也可以作为研究国家科技竞争态势参考。本书中的综合评分框架，是根据国家科技发展战略、科技规划的经验模型和经验值得出的。

目　　录

第一章
Chapter 1
绪　　论

第一节　定性分析

本书以美国、欧盟、英国、日本、韩国和中国的国家层面和主要机构层面资助的科技项目，以及战略规划为研究对象，开展科技信息的扫描、监测、归纳和分析，提出世界各国正在进行的重点领域，以及未来发展的重点领域，为重点领域遴选提供定性指标。

一、科技项目资助重点领域

1. 美国科技项目资助

- 美国自然科学基金委（NSF）
- 美国能源部（DOE）
- 美国卫生部（HHA）
- 美国农业部自然资源保护局（NRCS）
- 美国空军科学研究办公室（AFOSR）
- 美国环境保护署（EPA）
- 美国国立卫生研究院（NIH）
- 美国国家大气与海洋管理局（NOAA）

2. 日本

- 日本学术振兴会（JSPS）

➢ 战略性创新项目

3. 英国

➢ 英国研究理事会（RCUK）

4. 韩国

➢ 韩国国家研究基金会（NRF）

➢ 未来创造科学部

5. 欧盟

➢ 欧盟第七框架计划（FP7）

6. 中国

➢ 中国国家自然科学基金

➢ 科技部项目计划

➢ 中国科学院战略性先导科技专项

二、科技战略规划重点领域

1. 美国

➢ 美国技术竞争力计划

➢ 美国创新战略规划

➢ 美国白宫、技术委员、研究院等发布的规划

2. 日本

➢ 科学技术基本计划（2011—2015）

➢ 创新25战略规划

3. 英国

➢ 新兴技术产业战略 2014—2018 年规划

➢ 英国研究理事会（RCUK）规划

4. 韩国

➢ 第三期科学技术基本计划

5. 欧盟

➢ 地平线 2020 规划

➢ 德国高技术战略 2020 规划

➢ 法国 2020 战略议程

6. 中国

➢ 国家中长期科学技术发展规划

➢ 国家“十二五”科学技术发展规划

➢ 国家“十三五”科学技术发展规划

➢ 中国制造 2025

➢ 中国科学院率先行动计划

➢ 一带一路、京津冀一体化和长江经济带三大战略规划

➢ 相关部委战略规划

第二节 定量分析

选择 Web of Science™ 核心合集权威数据库（Science Citation Index

Expanded，SCI-EXPANDED，1900年至今），对2010—2014年美国、欧盟、英国、日本、韩国和中国被收录的论文基于文献计量分析方法和工具，按照Web of Science类别进行信息收集、整理和分析，提出世界各国已经开展的重点领域，为重点领域遴选提供定量指标。

（1）2010—2014年SCI论文Top50研究领域分析；

（2）2010—2014年SCI论文Top50研究领域分析；

（3）2010—2014年SCI论文研究重点领域分布。

第三节 指标框架

通过对世界主要国家重点领域定性分析与定量分析发现，由于数据来源广泛，包括规划数据、项目资助数据及发表论文数据等，不同颗粒度的数据是重点领域遴选的难点，在文献调研及专家咨询建议的基础上，研究设计了重点领域遴选指标框架，在学科、科研资助、产业社会3个一级指标下，对学科规模、影响力、专家判断、项目数量、资助经费、当前及预测7个二级指标，通过对不同颗粒度的数据进行计算和分析，遴选出世界主要国家的重点领域。

权重计算原则如下。

1．学科

（1）学科规模：重点领域论文数量排名，最高分10分。

（2）影响力：ESI平均引用率排名，最高分12.5分。

（3）专家判断：专家对重点领域解读，最高分2.5分。

2．科研资助

（1）项目数量：科技项目资助数量，最高分15分。

（2）资助经费：项目资助金额，最高分 20 分。

3. 产业社会

（1）当前：当前规划包含，最高分 25 分。

（2）预测：未来战略规划或发展路线图包含，最高分 15 分（见表 1-1）。

表 1-1　重点领域指标框架及权重

一级指标	权重	二级指标	权重
研究领域	25%	学科规模	10%
		影响力	12.5%
		专家判断	2.5%
科研资助	35%	项目数	15%
		经费	20%
产业社会	40%	当前	25%
		预测	15%

第二章
Chapter 2
美国科技发展重点领域

第一节　美国科技论文研究重点领域

通过检索美国近五年来被SCI收录的发文，对比发文的Web of Science 类别的年度分布，分析美国在过去五年中已开展的科学研究的重点领域。

一、2010 年论文研究领域

美国 2010 年被 SCI 收录的发文总数为 425794 篇，发文较多的研究领域为：生物化学-分子生物学、肿瘤学、化学多学科、神经科学、细胞生物学、外科、临床神经病学、药理学、心脏心血管系统、材料科学多学科、普通内科医学、免疫学、公共环境职业健康、血液学、医学实验研究、物理化学、电气电子工程、放射核医学影像、外周血管疾病等（见表 2-1）。

表 2-1　美国 2010 年 SCI 论文 Top50 研究领域

排名	学科领域	论文数量（篇）	百分比（%）
1	生物化学-分子生物学（Biochemistry Molecular Biology）	26050	6.118
2	肿瘤学（Oncology）	19989	4.695
3	化学多学科（Chemistry Multidisciplinary）	17650	4.145
4	神经科学（Neurosciences）	17500	4.11
5	细胞生物学（Cell Biology）	17020	3.997
6	外科（Surgery）	16310	3.83
7	临床神经病学（Clinical Neurology）	13571	3.187
8	药理学（Pharmacology Pharmacy）	11903	2.795
9	心脏心血管系统（Cardiac Cardiovascular Systems）	11698	2.747
10	材料科学多学科（Materials Science Multidisciplinary）	11434	2.685

续表

排名	学科领域	论文数量（篇）	百分比（%）
11	普通内科医学（Medicine General Internal）	11279	2.649
12	免疫学（Immunology）	11146	2.618
13	多学科科学（Multidisciplinary Sciences）	10031	2.356
14	公共环境职业健康（Public Environmental Occupational Health）	9800	2.302
15	血液学（Hematology）	9700	2.278
16	医学实验研究（Medicine Research Experimental）	9648	2.266
17	物理化学（Chemistry Physical）	9395	2.206
18	电气电子工程（Engineering Electrical Electronic）	9281	2.18
19	放射核医学影像（Radiology Nuclear Medicine Medical Imaging）	9279	2.179
20	外周血管疾病（Peripheral Vascular Disease）	9008	2.116
21	物理应用（Physics Applied）	8993	2.112
22	遗传学（Genetics Heredity）	8549	2.008
23	代谢内分泌学（Endocrinology Metabolism）	8375	1.967
24	儿科学（Pediatrics）	8324	1.955
25	生物学（Biology）	8294	1.948
26	环境科学（Environmental Sciences）	8267	1.942
27	天文天体物理学（Astronomy Astrophysics）	7543	1.772
28	病理学（Pathology）	7036	1.652
29	精神病学（Psychiatry）	7028	1.651
30	生物物理学（Biophysics）	6889	1.618
31	肝病、胃肠病（Gastroenterology Hepatology）	6731	1.581
32	妇产科（Obstetrics Gynecology）	6703	1.574
33	生物技术-应用微生物（Biotechnology Applied Microbiology）	6587	1.547
34	泌尿肾脏病（Urology Nephrology）	6534	1.535
35	保健科学服务（Health Care Sciences Services）	6330	1.487
36	生态学（Ecology）	6150	1.444
37	纳米科学与纳米技术（Nanoscience Nanotechnology）	5841	1.372
38	微生物学（Microbiology）	5745	1.349
39	呼吸系统（Respiratory System）	5744	1.349
40	物理凝聚物质（Physics Condensed Matter）	5527	1.298
41	传染病（Infectious Diseases）	5449	1.28

续表

排名	学科领域	论文数量（篇）	百分比（%）
42	生物化学研究方法（Biochemical Research Methods）	5440	1.278
43	体育科学（Sport Sciences）	5355	1.258
44	动物学（Zoology）	5173	1.215
45	植物科学（Plant Sciences）	5041	1.184
46	数学（Mathematics）	4974	1.168
47	危重病医学（Critical Care Medicine）	4810	1.13
48	生理学（Physiology）	4743	1.114
49	光学（Optics）	4590	1.078
50	护理（Nursing）	4539	1.066

二、2011 年论文研究领域

美国 2011 年被 SCI 收录的发文总数为 439735 篇，比 2010 年增加了 13941 篇。发文较多的研究领域为：生物化学-分子生物学、化学多学科、肿瘤学、细胞生物学、神经科学、外科、临床神经病学、心脏心血管系统、药理学、材料科学多学科、普通内科医学、免疫学、电气电子工程、血液学、医学实验研究、公共环境职业健康、物理化学、物理应用、环境科学等（见表 2-2）。

表 2-2　美国 2011 年 SCI 论文 Top50 研究领域

排名	学科领域	论文数量（篇）	百分比（%）
1	生物化学-分子生物学（Biochemistry Molecular Biology）	26330	5.988
2	化学多学科（Chemistry Multidisciplinary）	20623	4.69
3	肿瘤学（Oncology）	20015	4.552
4	细胞生物学（Cell Biology）	18712	4.255
5	神经科学（Neurosciences）	18589	4.227
6	外科（Surgery）	16551	3.764
7	临床神经病学（Clinical Neurology）	14776	3.36
8	心脏心血管系统（Cardiac Cardiovascular Systems）	12963	2.948
9	多学科科学（Multidisciplinary Sciences）	12596	2.864

续表

排名	学科领域	论文数量（篇）	百分比（%）
10	药理学（Pharmacology Pharmacy）	12547	2.853
11	材料科学多学科（Materials Science Multidisciplinary）	12311	2.8
12	普通内科医学（Medicine General Internal）	11574	2.632
13	免疫学（Immunology）	11422	2.597
14	电气电子工程（Engineering Electrical Electronic）	10004	2.275
15	血液学（Hematology）	9873	2.245
16	医学实验研究（Medicine Research Experimental）	9865	2.243
17	公共环境职业健康（Public Environmental Occupational Health）	9820	2.233
18	物理化学（Chemistry Physical）	9808	2.23
19	物理应用（Physics Applied）	9436	2.146
20	环境科学（Environmental Sciences）	9353	2.127
21	外周血管疾病（Peripheral Vascular Disease）	8979	2.042
22	放射核医学影像（Radiology Nuclear Medicine Medical Imaging）	8938	2.033
23	生物学（Biology）	8690	1.976
24	儿科学（Pediatrics）	8422	1.915
25	遗传学（Genetics Heredity）	8391	1.908
26	精神病学（Psychiatry）	7931	1.804
27	天文天体物理学（Astronomy Astrophysics）	7635	1.736
28	肝病、胃肠病（Gastroenterology Hepatology）	7569	1.721
29	妇产科（Obstetrics Gynecology）	7405	1.684
30	保健科学服务（Health Care Sciences Services）	6987	1.589
31	代谢内分泌学（Endocrinology Metabolism）	6927	1.575
32	生物技术-应用微生物（Biotechnology Applied Microbiology）	6800	1.546
33	病理学（Pathology）	6757	1.537
34	纳米科学与纳米技术（Nanoscience Nanotechnology）	6394	1.454
35	生态学（Ecology）	6394	1.454
36	微生物学（Microbiology）	6362	1.447
37	泌尿肾脏病（Urology Nephrology）	6311	1.435
38	生物化学研究方法（Biochemical Research Methods）	5973	1.358
39	体育科学（Sport Sciences）	5566	1.266
40	植物科学（Plant Sciences）	5557	1.264

续表

排名	学科领域	论文数量（篇）	百分比（%）
41	传染病（Infectious Diseases）	5557	1.264
42	物理凝聚物质（Physics Condensed Matter）	5532	1.258
43	呼吸系统（Respiratory System）	5217	1.186
44	动物学（Zoology）	5097	1.159
45	数学（Mathematics）	5055	1.15
46	地球科学多学科（Geosciences Multidisciplinary）	4798	1.091
47	生物物理学（Biophysics）	4791	1.09
48	生理学（Physiology）	4712	1.072
49	光学（Optics）	4673	1.063
50	移植（Transplantation）	4653	1.058

三、2012 年论文研究领域

美国 2012 年被 SCI 收录的发文总数为 462699 篇，比 2011 年增加了 22964 篇。发文较多的研究领域为：生物化学-分子生物学、化学多学科、肿瘤学、神经科学、细胞生物学、外科、临床神经病学、心脏心血管系统、药理学、免疫学、材料科学多学科、放射核医学影像、普通内科医学、医学实验研究、物理化学、物理应用、血液学、电气电子工程、遗传学等（见表 2-3）。

表 2-3　美国 2012 年 SCI 论文 Top50 研究领域

排名	学科领域	论文数量（篇）	百分比（%）
1	生物化学-分子生物学（Biochemistry Molecular Biology）	25968	5.612
2	化学多学科（Chemistry Multidisciplinary）	24066	5.201
3	肿瘤学（Oncology）	22379	4.837
4	神经科学（Neurosciences）	19514	4.217
5	细胞生物学（Cell Biology）	17683	3.822
6	外科（Surgery）	17113	3.699
7	临床神经病学（Clinical Neurology）	16144	3.489
8	多学科科学（Multidisciplinary Sciences）	16012	3.461

续表

排名	学科领域	论文数量（篇）	百分比（%）
9	心脏心血管系统（Cardiac Cardiovascular Systems）	14409	3.114
10	药理学（Pharmacology Pharmacy）	13404	2.897
11	免疫学（Immunology）	13310	2.877
12	材料科学多学科（Materials Science Multidisciplinary）	12814	2.769
13	放射核医学影像（Radiology Nuclear Medicine Medical Imaging）	11781	2.546
14	普通内科医学（Medicine General Internal）	11638	2.515
15	医学实验研究（Medicine Research Experimental）	10925	2.361
16	物理化学（Chemistry Physical）	10330	2.233
17	物理应用（Physics Applied）	10093	2.181
18	血液学（Hematology）	10077	2.178
19	电气电子工程（Engineering Electrical Electronic）	9895	2.139
20	遗传学（Genetics Heredity）	9693	2.095
21	公共环境职业健康（Public Environmental Occupational Health）	9263	2.002
22	环境科学（Environmental Sciences）	9244	1.998
23	生物学（Biology）	8749	1.891
24	肝病、胃肠病（Gastroenterology Hepatology）	8352	1.805
25	儿科（Pediatrics）	8198	1.772
26	天文天体物理学（Astronomy Astrophysics）	8164	1.764
27	外周血管疾病（Peripheral Vascular Disease）	7812	1.688
28	保健科学服务（Health Care Sciences Services）	7704	1.665
29	精神病学（Psychiatry）	7526	1.627
30	病理学（Pathology）	7266	1.57
31	生物技术-应用微生物（Biotechnology Applied Microbiology）	7198	1.556
32	妇产科（Obstetrics Gynecology）	7048	1.523
33	代谢内分泌学（Endocrinology Metabolism）	6848	1.48
34	纳米科学与纳米技术（Nanoscience Nanotechnology）	6753	1.459
35	泌尿肾脏病（Urology Nephrology）	6698	1.448
36	生态学（Ecology）	6509	1.407
37	微生物学（Microbiology）	6474	1.399
38	生物物理学（Biophysics）	6360	1.375
39	植物科学（Plant Sciences）	6032	1.304

续表

排名	学科领域	论文数量（篇）	百分比（%）
40	体育科学（Sport Sciences）	5790	1.251
41	传染病（Infectious Diseases）	5651	1.221
42	生物化学研究方法（Biochemical Research Methods）	5640	1.219
43	物理凝聚物质（Physics Condensed Matter）	5529	1.195
44	动物学（Zoology）	5351	1.156
45	数学（Mathematics）	5291	1.144
46	呼吸系统（Respiratory System）	5190	1.122
47	地球科学多学科（Geosciences Multidisciplinary）	4995	1.08
48	光学（Optics）	4769	1.031
49	危重病医学（Critical Care Medicine）	4727	1.022
50	生理学（Physiology）	4700	1.016

四、2013 年论文研究领域

美国 2013 年被 SCI 收录的发文总数为 473423 篇，比 2012 年增加了 10724 篇。发文较多的研究领域为：生物化学-分子生物学、化学多学科、肿瘤学、神经科学、细胞生物学、外科、临床神经病学、心脏心血管系统、材料科学多学科、药理学、免疫学、普通内科医学、医学实验研究、物理化学、电气电子工程、物理应用、外周血管疾病、环境科学、公共环境职业健康等（见表 2-4）。

表 2-4　美国 2013 年 SCI 论文 Top50 研究领域

排名	研究领域	论文数量（篇）	百分比（%）
1	生物化学-分子生物学（Biochemistry Molecular Biology）	25552	5.397
2	化学多学科（Chemistry Multidisciplinary）	24301	5.133
3	肿瘤学（Oncology）	23977	5.065
4	神经科学（Neurosciences）	19119	4.038
5	多学科科学（Multidisciplinary Sciences）	18296	3.865
6	细胞生物学（Cell Biology）	17732	3.745

续表

排名	研究领域	论文数量（篇）	百分比（%）
7	外科（Surgery）	17663	3.731
8	临床神经病学（Clinical Neurology）	16903	3.57
9	心脏心血管系统（Cardiac Cardiovascular Systems）	15114	3.192
10	材料科学多学科（Materials Science Multidisciplinary）	13407	2.832
11	药理学（Pharmacology Pharmacy）	13064	2.759
12	免疫学（Immunology）	12766	2.697
13	普通内科医学（Medicine General Internal）	11349	2.397
14	医学实验研究（Medicine Research Experimental）	10664	2.253
15	物理化学（Chemistry Physical）	10392	2.195
16	电气电子工程（Engineering Electrical Electronic）	10259	2.167
17	物理应用（Physics Applied）	10170	2.148
18	外周血管疾病（Peripheral Vascular Disease）	10094	2.132
19	环境科学（Environmental Sciences）	10007	2.114
20	公共环境职业健康（Public Environmental Occupational Health）	9849	2.08
21	放射核医学影像（Radiology Nuclear Medicine Medical Imaging）	9583	2.024
22	生物学（Biology）	9186	1.94
23	儿科（Pediatrics）	9104	1.923
24	遗传学（Genetics Heredity）	8923	1.885
25	血液学（Hematology）	8156	1.723
26	精神病学（Psychiatry）	8135	1.718
27	代谢内分泌学（Endocrinology Metabolism）	8109	1.713
28	保健科学服务（Health Care Sciences Services）	8021	1.694
29	天文天体物理学（Astronomy Astrophysics）	7915	1.672
30	妇产科（Obstetrics Gynecology）	7663	1.619
31	生物技术-应用微生物（Biotechnology Applied Microbiology）	7206	1.522
32	病理学（Pathology）	7093	1.498
33	肝病、胃肠病（Gastroenterology Hepatology）	7073	1.494
34	纳米科学与纳米技术（Nanoscience Nanotechnology）	6880	1.453
35	生物物理学（Biophysics）	6696	1.414
36	生态学（Ecology）	6411	1.354
37	微生物学（Microbiology）	6262	1.323

续表

排名	研究领域	论文数量（篇）	百分比（%）
38	呼吸系统（Respiratory System）	5909	1.248
39	泌尿肾脏病（Urology Nephrology）	5864	1.239
40	传染病（Infectious Diseases）	5703	1.205
41	植物科学（Plant Sciences）	5697	1.203
42	生物化学研究方法（Biochemical Research Methods）	5513	1.164
43	地球科学多学科（Geosciences Multidisciplinary）	5512	1.164
44	体育科学（Sport Sciences）	5506	1.163
45	动物学（Zoology）	5112	1.08
46	数学（Mathematics）	5091	1.075
47	物理凝聚物质（Physics Condensed Matter）	5060	1.069
48	护理（Nursing）	5049	1.066
49	移植（Transplantation）	4920	1.039
50	气象学，大气科学（Meteorology Atmospheric Sciences）	4784	1.011

五、2014 年论文研究领域

美国 2014 年被 SCI 收录的发文总数为 401292 篇，比 2013 年有所减少。2014 年发文较多的研究领域为：外科、肿瘤学、神经科学、生物化学-分子生物学、材料科学多学科、临床神经病学、免疫学、药理学、细胞生物学、普通内科医学、心脏心血管系统、化学多学科、物理化学、医学实验研究、环境科学、物理应用、公共环境职业健康、电气电子工程、放射核医学影像等（见表 2-5）。

表 2-5　美国 2014 年 SCI 论文 Top50 研究领域

排名	研究领域	论文数量（篇）	百分比（%）
1	外科（Surgery）	19068	4.752
2	肿瘤学（Oncology）	17118	4.266
3	神经科学（Neurosciences）	16970	4.229
4	生物化学-分子生物学（Biochemistry Molecular Biology）	16684	4.158

续表

排名	研究领域	论文数量（篇）	百分比（%）
5	多学科科学（Multidisciplinary Sciences）	16075	4.006
6	材料科学多学科（Materials Science Multidisciplinary）	12981	3.235
7	临床神经病学（Clinical Neurology）	12577	3.134
8	免疫学（Immunology）	11501	2.866
9	药理学（Pharmacology Pharmacy）	11449	2.853
10	细胞生物学（Cell Biology）	11185	2.787
11	普通内科医学（Medicine General Internal）	10931	2.724
12	心脏心血管系统（Cardiac Cardiovascular Systems）	10345	2.578
13	化学多学科（Chemistry Multidisciplinary）	10095	2.516
14	物理化学（Chemistry Physical）	9999	2.492
15	医学实验研究（Medicine Research Experimental）	9558	2.382
16	环境科学（Environmental Sciences）	9420	2.347
17	物理应用（Physics Applied）	9377	2.337
18	公共环境职业健康（Public Environmental Occupational Health）	8881	2.213
19	电气电子工程（Engineering Electrical Electronic）	8856	2.207
20	放射核医学影像（Radiology Nuclear Medicine Medical Imaging）	8827	2.2
21	儿科（Pediatrics）	8477	2.112
22	精神病学（Psychiatry）	7981	1.989
23	遗传学（Genetics Heredity）	7554	1.882
24	妇产科（Obstetrics Gynecology）	7374	1.838
25	保健科学服务（Health Care Sciences Services）	7029	1.752
26	天文天体物理学（Astronomy Astrophysics）	6913	1.723
27	病理学（Pathology）	6840	1.704
28	纳米科学与纳米技术（Nanoscience Nanotechnology）	6796	1.694
29	生物技术-应用微生物（Biotechnology Applied Microbiology）	6690	1.667
30	血液学（Hematology）	6434	1.603
31	移植（Transplantation）	6245	1.556
32	生物物理学（Biophysics）	6198	1.545
33	生态（Ecology）	5855	1.459
34	泌尿肾脏病（Urology Nephrology）	5843	1.456
35	微生物学（Microbiology）	5746	1.432

续表

排名	研究领域	论文数量（篇）	百分比（%）
36	肝病、胃肠病（Gastroenterology Hepatology）	5695	1.419
37	代谢内分泌学（Endocrinology Metabolism）	5681	1.416
38	体育科学（Sport Sciences）	5297	1.32
39	外周血管疾病（Peripheral Vascular Disease）	5265	1.312
40	传染病（Infectious Diseases）	5100	1.271
41	呼吸系统（Respiratory System）	4984	1.242
42	生物化学研究方法（Biochemical Research Methods）	4952	1.234
43	物理凝聚物质（Physics Condensed Matter）	4786	1.193
44	地球科学多学科（Geosciences Multidisciplinary）	4780	1.191
45	护理（Nursing）	4629	1.154
46	骨伤科（Orthopedics）	4494	1.12
47	数学（Mathematics）	4478	1.116
48	心理学（Psychology）	4413	1.1
49	动物学（Zoology）	4385	1.093
50	植物科学（Plant Sciences）	4372	1.089

六、2010—2014 年论文研究重点领域

美国 2010—2014 年被 SCI 收录的发文总数为 1779983 篇，美国近五年发文较多的研究领域为：生物化学-分子生物学、肿瘤学、化学多学科、神经科学、外科、细胞生物学、临床神经病学、心脏心血管系统、材料科学多学科、药理学、免疫学、普通内科医学、医学实验研究、物理化学、电气电子工程、物理应用、放射核医学影像、环境科学、公共环境职业健康、血液学等，可见美国在近五年的研究中，生物、医学、化学、物理领域的研究较多（见表 2-6）。

表 2-6　美国 2010—2014 年 SCI 论文 Top50 研究领域

排名	研究领域	论文数量（篇）	百分比（%）
1	生物化学-分子生物学（Biochemistry Molecular Biology）	94582	5.314
2	肿瘤学（Oncology）	83556	4.694

续表

排名	研究领域	论文数量（篇）	百分比（%）
3	化学多学科（Chemistry Multidisciplinary）	79141	4.446
4	神经科学（Neurosciences）	74309	4.175
5	外科（Surgery）	70439	3.957
6	细胞生物学（Cell Biology）	65350	3.671
7	多学科科学（Multidisciplinary Sciences）	63003	3.54
8	临床神经病学（Clinical Neurology）	60457	3.396
9	心脏心血管系统（Cardiac Cardiovascular Systems）	52851	2.969
10	材料科学多学科（Materials Science Multidisciplinary）	51771	2.909
11	药理学（Pharmacology Pharmacy）	50487	2.836
12	免疫学（Immunology）	49038	2.755
13	普通内科医学（Medicine General Internal）	45492	2.556
14	医学实验研究（Medicine Research Experimental）	41022	2.305
15	物理化学（Chemistry Physical）	40673	2.285
16	电气电子工程（Engineering Electrical Electronic）	39228	2.204
17	物理应用（Physics Applied）	39165	2.2
18	放射核医学影像（Radiology Nuclear Medicine Medical Imaging）	39136	2.199
19	环境科学（Environmental Sciences）	38107	2.141
20	公共环境职业健康（Public Environmental Occupational Health）	37853	2.127
21	血液学（Hematology）	34572	1.942
22	遗传学（Genetics Heredity）	34571	1.942
23	儿科（Pediatrics）	34229	1.923
24	外周血管疾病（Peripheral Vascular Disease）	32172	1.807
25	精神病学（Psychiatry）	31646	1.778
26	天文天体物理学（Astronomy Astrophysics）	30664	1.723
27	生物学（Biology）	29828	1.676
28	保健科学服务（Health Care Sciences Services）	29751	1.671
29	妇产科（Obstetrics Gynecology）	29490	1.657
30	肝病、胃肠病（Gastroenterology Hepatology）	28689	1.612
31	病理学（Pathology）	27960	1.571
32	生物技术-应用微生物（Biotechnology Applied Microbiology）	27959	1.571
33	代谢内分泌学（Endocrinology Metabolism）	27570	1.549

续表

排名	研究领域	论文数量（篇）	百分比（%）
34	纳米科学与纳米技术（Nanoscience Nanotechnology）	26926	1.513
35	生态学（Ecology）	25212	1.416
36	微生物学（Microbiology）	24851	1.396
37	泌尿肾脏病（Urology Nephrology）	24794	1.393
38	生物物理学（Biophysics）	24087	1.353
39	体育科学（Sport Sciences）	22178	1.246
40	生物化学研究方法（Biochemical Research Methods）	22101	1.242
41	传染病（Infectious Diseases）	22031	1.238
42	植物科学（Plant Sciences）	21697	1.219
43	呼吸系统（Respiratory System）	21300	1.197
44	物理凝聚物质（Physics Condensed Matter）	20973	1.178
45	移植（Transplantation）	20285	1.14
46	地球科学多学科（Geosciences Multidisciplinary）	20099	1.129
47	数学（Mathematics）	20061	1.127
48	动物学（Zoology）	19973	1.122
49	护理（Nursing）	19004	1.068
50	光学（Optics）	18296	1.028

选择每年发文数 Top20 的研究领域，对其进行赋值，赋值方法为：年度发文数排名第一的研究领域赋值为 20，排名第二的研究领域赋值为 19，依此类推，排名二十的研究领域赋值为 1。筛选近五年总体发文权重排在前 20 名及每年发文权重排在前 20 名的学科领域共 23 个，具体权重排名变化如图 2-1 所示。

由图 2-1 可见，外科、材料科学、免疫学、环境科学在 2014 年论文排名明显提前，化学多学科、细胞生物学在 2014 年论文权重排名明显下降。综合年度发文数和近五年总体发文数排在前 20 名研究领域的整体情况，美国遴选出的研究重点领域是：生物化学-分子生物学、肿瘤学、神经科学、化学多学科、外科、细胞生物学、多学科科学、临床神经病学、心脏心血管系统、材料科学多学科、药理学、免疫学、普通内科医学、医学实验研究、物理化学、电气电子工程。

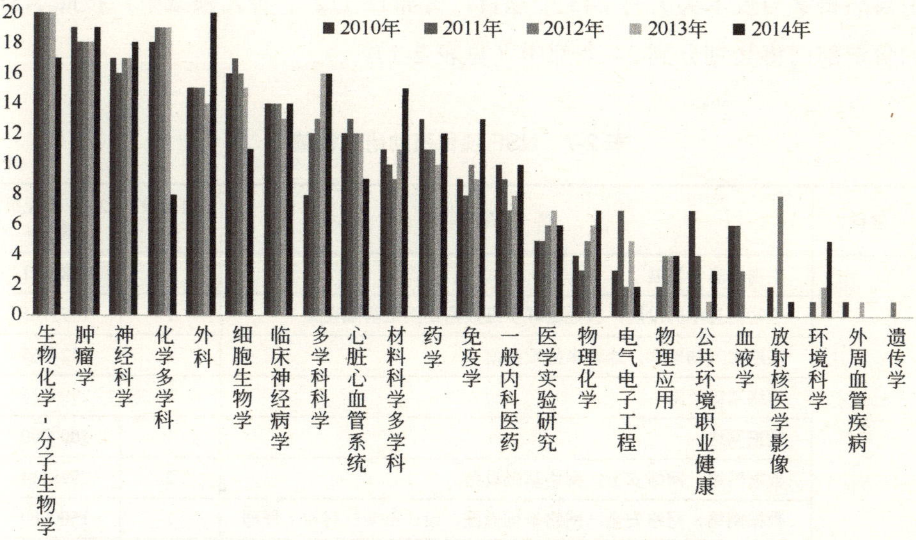

图 2-1　美国 SCI 论文研究重点领域权重排名变化

（本图彩图请参见本书最后插图）

第二节　美国科技项目资助重点领域

一、NSF 项目资助研究领域

分析美国近五年 SCI 收录的发文的资助情况，发现美国国家科学基金会（NSF）是美国科学研究资助的主要来源。根据美国国家科学基金会（NSF）战略计划描述，NSF 是美国唯一一个资助除医学外的基础科学和工程各领域研究的联邦机构，主要任务为支持美国从天文到地质到生物前沿领域的探索。因此，除了为传统学术领域提供研究支持外，基金同时支持高风险、高投入、新颖合作及目前看来像科幻小说但将来会被认可的项目。在任何情况下，确保研究与教育的全面集成，当前的创新及培养未来的顶级科学家与工程师。

美国国家科学基金会2014年标准授予超过100万美元的305个项目，其中自然科学与技术类的有243个项目，分布在112个研究领域中，按照NSF的负责部门将其划分到24个部中（见表2-7）。

表2-7 NSF项目资助研究领域

学科	领　域	项目数（个）	2014年经费（美元）
高级网络基础设施科学	生物信息学发展	1	1485021
	生物信息学的发展，极地地球多维数据集网络基础设施	1	1497785
	高层大气物理学，地球多维数据集	1	1424765
	网络基础设施	2	2999535
	数据网络	1	5000000
	数据网络，网络安全，网络基础设施	2	2998214
	数据网络，网络安全，网络基础设施、设计革新材料和工程师	1	1500000
	地理与空间科学	1	1499998
	信息集成与信息科学	1	1484940
	信息技术研究，网络设施，数据网络，虚拟社区的科学	1	2000000
	国际研究网络连接	1	3732343
	主要研究仪器，信息技术研究，网络基础设施	1	3500000
	主要研究仪器，软件学院	1	1787335
	多学科交流，数据网络，地球体办公室	1	1499933
	物理和动力气象学，数据网络，地球体	1	1157975
	极地网络基础设施，计算神经科学合作研究	1	1329379
	项目评估，教育与学习研究	1	4830819
	网络基础设施的战略技术	1	5295574
大气和地球空间科学	可持续性研究：地球系统模型	6	8746496
	可持续发展研究网络	1	1132174
天文科学	主要研究仪器	9	16346535
	中等规模的仪器仪表	1	8980021
	多学科交流，主要研究仪器	1	1778286
行为与认知科学	自然和人类系统动力学的耦合	6	8653766
环境和运输系统	水和气候可持续发展	3	6025811

续表

学科	领　　域	项目数（个）	2014 年经费（美元）
环境和运输系统	革新和未来工程的设计材料	7	8278896
	跨学科研究和教育	6	17593810
	纳米级	9	12662999
计算和通信基础	网络工程与可持续发展教育	4	4795512
	软件和硬件基础	2	2004152
化学	主要研究仪器仪表，化工仪表	2	2593031
土木、机械和制造	学术联络与行业资助机会，革新和未来工程的设计材料	1	1172016
	工程与工艺材料，革新和未来工程的设计材料	1	1381675
	国家机器人计划	3	3700000
	软件学院，革新和未来工程的设计材料	1	1320000
计算机和网络系统	21 世纪计算机教育	1	1025712
	计算研究基础设施	1	1000000
	网络物理系统	6	6521467
	信息技术研究	1	1397793
	信息技术研究特别项目-计算机信息科学特别项目-计算机通信基础，工业大学合作研究中心，网络基础设施，计算机系统，互联网技术与系统，IIS 特别项目	1	2999999
	主要研究仪器，信息技术研究，网络基础设施，网络载体系统，强大的智力，国家机器人计划	1	1300000
	联网技术与系统研究	2	2510595
	安全与可信网络空间	3	3363354
	特别项目-计算机信息科学工程，安全和可信网络空间	1	1215958
环境生物学	生物多样性的维度	10	13471292
	传染病生态学	2	3281270
	生命家谱	2	3086781
	长期生态研究	1	1960000
材料研究	革新和未来工程的设计材料，多学科交流	2	2400000
	多学科交流，革新和未来工程的设计材料	1	1492761
在正式和非正式场合学习研究	非正规学习	8	17899109
	核心研发项目，网络学习及未来学习技术	1	1499944
	研究发现 K-12	5	10221272

续表

学科	领　域	项目数（个）	2014 年经费（美元）
在正式和非正式场合学习研究	研究发现 K-12，项目评估	1	2999128
	研究发现 K-12，教育与学习研究	1	1499881
	跨学科研究工程	1	1181648
	工程教育，合作研究，推进非正式科学，技术，工程和数学学习	1	2734997
	学生和教师的创新技术经验	14	17506229
	学生和教师的创新技术经验，综合计算教育与研究	1	4966960
	教育和学习研究	4	5330394
	教育和学习研究，以刺激竞争力研究的计划	1	1024679
	残疾人教育研究	1	2049340
	性别在科学与技术的研究	2	2632811
	科学、技术、工程和数学奖学金：计算合作，提高本科教育水平	1	1299959
	系统和合成生物学，推进非正式科学、技术、工程和数学学习，生物技术，生物化学和生物质工程	1	2101572
地球科学	可持续性研究：水与气候可持续性研究	1	1288702
	地理信息，综合地球系统	1	2233124
	岩石地球化学，地球物理	1	1050000
新兴前沿	合作研究，宏观系统生物学	1	2300000
	气候研究投资——海洋酸化	2	3286984
	自然和人类系统动力学的耦合，沿海可持续发展科学	2	2314284
	宏观系统生物学	3	5181254
	多学科交流、交叉新兴前沿活动	1	1000000
	沿海可持续发展科学、工程和教育，自然人类动力学耦合	1	1699377
以太网	研究和创新的新兴前沿	10	17502027
	基础设施管理和极端事件	2	2500000
研究和创新的新兴前沿	民用基础设施系统，特殊项目-计算机、信息科学、工程，研究和创新的新兴前沿研究项目	1	1949788
	环境的可持续性，创新的新兴前沿研究项目，专门研究与分析	1	1440425
	学术联络与行业资助机会，研究经验的教师，研究和创新的新兴前沿	1	1626555
	多学科交流，电子/光子材料，新兴前沿研究和创新的研究项目办公室	1	2000000
	特别项目-特殊项目-计算机、信息科学、工程，研究和创新的新兴前沿研究项目，环境可持续发展	1	2499999
	特别项目-特殊项目-计算机、信息科学、工程，信息技术研究	1	1783855

续表

学科	领　域	项目数（个）	2014年经费（美元）
综合性和合作教育与研究	地球体	2	2048000
国际和综合活动	发现与创新网络	1	1092818
	人类前沿科学计划	1	10129000
信息与智能系统	推进非正规学习&未来学习技术	1	1338639
	推进非正规学习，发现研究K-12，网络学习&未来学习技术	1	1350000
	大数据科学与工程	5	6196830
	网络载体系统	1	1089490
	网络学习及未来学习技术	1	1250749
	网络学习及未来学习技术，发现研究K-12	1	1342537
	信息集成与信息科学，数据网络，大数据科学与工程	1	1000000
	智能互联健康	5	7855878
	科学技术工程数学：科学技术工程数学奖学金，发现研究K-12，网络学习及未来学习技术	2	2697646
综合有机体系统	综合生态生理学、植物基因组研究项目、实验程序刺激竞争的研究	1	1406027
	植物基因组研究	11	19129425
分子与细胞生物科学	细胞动力学和功能，数学生物学，交叉新兴前沿，数学科学优先区域-跨学科，交叉新兴前沿	1	2300000
	系统和合成生物学启发，物理学的生活系统，办公室多学科交流、生物技术、生物化学与生物工程、生物光学、成像传感	1	1000000
	数学生物学、数学科学优先领域跨学科、交叉新兴前沿活动，细胞动力学和功能	1	1079481
	分子生物物理学	3	3302430
海洋科学	物理海洋学	1	1545515
	物理海洋学，化学海洋学	1	1099945
	物理海洋学，海洋科学	1	1500000
物理学	加速器科学	1	1050000
	多学科交流	1	2204575
极地研究	南极洲天体物理与地球空间科学，刺激竞争力研究的实验计划	1	1077110
	南极仪表与支持，南极地球科学，南极洲天体物理与地球空间科学，南极综合系统科学	1	1410584
	北极自然科学	1	1336034
	北极自然科学，北极系统科学计划	1	1453607
	北极系统科学计划	2	2436223

二、主要机构项目资助研究领域

美国能源部（DOE）、美国卫生部（HHA）、美国农业部自然资源保护局（NRCS）、美国空军科学研究办公室（AFOSR）、美国环境保护署（EPA）、美国国立卫生研究院（NIH）、美国国家大气与海洋管理局（NOAA）资助的研究领域及方向如表2-8所示。

表2-8 主要机构项目资助研究领域

资助机构	资助研究领域	具体方向
美国能源部（DOE）	工业制造	固态照明（SSL），LED，OLED，高效率汽车技术
	节能	建筑能效技术
	能源	先进反应堆，核技术，可再生能源，光伏及太阳能热发电，微电网技术，创新风电技术，先进核能技术，先进地热能源技术，燃料电池，氢燃料技术，储氢系统，波浪能，潮汐能，海上风能，新一代低水头水电系统，非粮生物质生物燃料，生物质制碳纤维技术，富氧燃烧技术，二氧化碳捕集，藻类生物燃料
	能源；环境保护	二氧化碳地质封存技术与方法
	生物技术	生物精炼
美国卫生部（HHS）	制药工程	疫苗佐剂
美国农业部自然资源保护局（NRCS）	植物与动物学	蜜蜂健康
美国空军科学研究办公室（AFOSR）	通信	新型量子器件研究、信息和通信技术
美国环境保护署（EPA）	材料	化学品影响预测
美国国立卫生研究院（NIH）	医学	可成药基因组，生物医学信息科技，神经科学，补充促进健康的多样性，全基因组关联研究，干细胞的信息
美国国家大气与海洋管理局（NOAA）	环境与气候	海洋生物多样性监测

三、美国科技项目资助研究领域

通过综合分析2014年美国国家科学基金会项目及各机构项目资助的研

究领域情况，遴选出美国科技目前正在开展的科学研究的重点领域为13个：新兴可再生能源、网络基础设施的战略技术、数据网络、信息网络安全、纳米材料、新兴工程材料、生物医学信息、全基因组关联、干细胞信息、新型量子器件、大数据科学与工程、智能互联健康、生物多样性。

第三节　美国科技战略规划重点领域

一、国家科技战略规划研究领域

（一）美国技术竞争力计划

美国前总统布什于2006年1月在国会中宣布了“美国竞争力计划”（ACI），通过大力支持物质科学的基础研究和能源研究来提升美国的竞争力；同年2月，布什在提交给国会的2007年度财政预算中提出，在未来10年中要将美国国家科学基金委员会（NSF）、美国国家标准与技术研究院（NIST）核心项目和能源部（DOE）科学办公室的总研究经费增加一倍[1]。2007年8月，美国参众两院通过了《美国竞争力法案（2007）》，描述了美国未来几年的科学事业路线图，涉及美国联邦政府的六个机构。美国联邦预算加强了对能源、环境、气候变化、航天和海洋领域的研究支持力度，对基础科学、生命科学、纳米科学与纳米技术和农业科技等领域的研究支持力度保持稳定，但同时对研究重点有所调整。2011年1月，时任总统奥巴马签署了《美国竞争力法案（2010）》，其中第一部分为继续投资美国创新的基础，保持美国在基础研究领域的领先地位，投资教育，建设基础设施，发展先进信息技术生态系统，继续增加美国科学基金会、美国国家标准与技术研究院、能源部科学办公室的预算。

1 汪凌勇：美国竞争力计划、进展及近期相关政策举措，《2008年科学发展报告》。

美国竞争力计划希望在众多领域提升美国的竞争力[1]，其资助研究领域如表 2-9 所示。

表 2-9　美国竞争力计划资助研究领域

目标	研究领域
达到世界级的纳米加工和纳米制造能力，帮助将目前的实验室科学转化到几乎所有商业领域广泛范围的新工业应用	纳米加工，纳米制造，纳米科学与纳米技术
实现对纳米科学与纳米技术等领域前沿研究极为关键的化学、生物、光学和电子材料等方面的突破	生物技术
克服氢能、核能和太阳能经济、有效利用的技术障碍	替代能源（氢气、核和太阳能）
世界领先的高端计算能力和计算容量，外加先进的网络，来促使出现科学突破	高端计算
建设若干世界一流的科学研究设施	智能制造
	准确的天气和气候预测
通过健康信息技术改善医疗保健	安全和有效的药物
克服量子信息处理方面的障碍，推动安全通信领域的革命	量子信息处理和量子力学模拟
解决网络安全和信息保证中存在的差距和需求	安全通信，网络安全和信息安全保障
改进自动与控制技术的传感器及其探测能力	传感器和检测能力
发展材料科学和工程	材料科学与工程研究
改善能源部和国家标准技术研究院实验室的能力、维护和运转	制造标准

（二）美国创新战略规划

2009 年 9 月，美国总统执行办公室、国家经济委员会和科技政策办公室联合发布《美国创新战略：推动可持续增长和高质量就业》。时任美国总统奥巴马发表演讲，阐释了《美国创新战略》的核心内容，承诺要充分发挥创新潜力，促进新就业、新企业和新产业。法案中提出用超过 1000 亿美元来支持开创性的创新，其资助研究领域如表 2-10 所示。

1　http://www.NSF.gov/attachments/108276/public/ACI.pdf。

表 2-10　美国竞争力法案资助研究领域

领域	领域及资助[1]
替代能源及有效利用	
健康信息技术	
健康研究	
创新项目	
基础研究	
教育和培训	
先进的汽车技术	
化石能源研发	
一般能源研究	

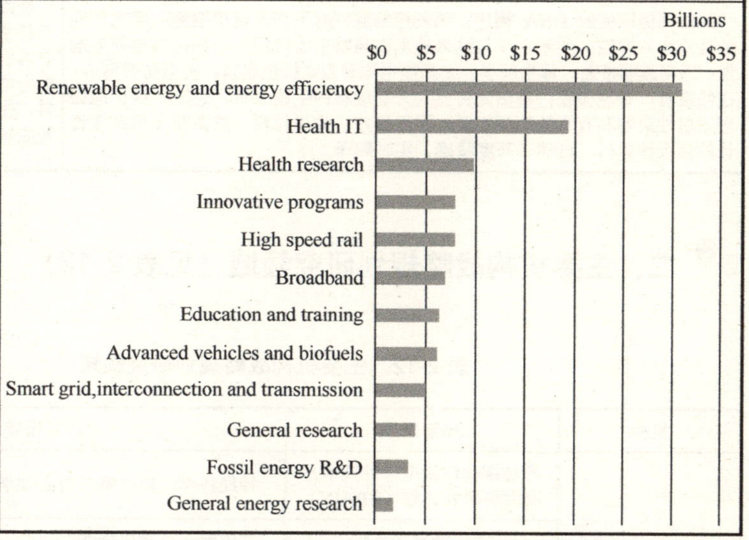

创新战略提出了美国需要推动突破的重点项目，美国政府认为，美国国家经济中一些特别重要的部门，单靠市场本身不可能获得令人满意的结果。政府适当介入成为推动重点项目取得突破的重要渠道。美国竞争力法案提出的研究领域如表 2-11 所示。

表 2-11　美国竞争力法案提出的研究领域

目标及举措	领域
未来三年国家的供应可再生能源翻倍；促进节能产业；投资清洁能源创新；制订限额与交易计划，以遏制石油的依赖和温室气体排放，同时刺激可再生能源技术	清洁能源技术、智能电网、能效、风能、太阳能和生物燃料
美国历史上对电动汽车技术和交通电气化的最大的投资；投放 250 亿美元的贷款来支持美国制造业的先进汽车技术；支持下一代生物燃料；提高汽车的燃油效率，以减少对石油的依赖	先进的汽车技术、交通电气化、电动汽车、生物燃料、提高汽车的燃油效率
发展医疗保健信息技术；致力于医学研究；先进的医疗信息技术（如电子病历，移动技术在医疗中应用，传感器用于监测慢性疾病）；医学；识别 20 种癌症所涉及的所有基因变化；阻止艾滋病流行的临床药物；自闭症的病因、发现和治疗；通过利用 DNA 测序发现、如何预防和治疗心、肺、血液疾病	医疗信息技术、基因医学、药理学、疾病预测

1 http://www.whitehouse.gov/administration/eop/nec/StrategyforAmericanInnovation。

续表

目标及举措	领域
利用科技解决21世纪的“大挑战” 完成每例癌症的DNA测序；杀死癌细胞同时不伤及健康细胞；疾病早期的唾液样本检测；纳米科学与纳米技术在药物中的应用；个性化药物处方剂量；通用流感疫苗；再生医学；太阳能电池普及、绿色建筑；轻型防弹背心；在线教育；智能假肢；将阳光转化为无碳燃料的生物系统，迅速、廉价地处理放射性废物和有毒的化学物质，用于治疗、先进材料、汽车和飞机高效设计的超级计算机、自动、高度精确、实时翻译	基因在医学中的应用、纳米科学与纳米技术在药理学中的应用、再生医学、太阳能电池、材料科学、生物燃料、生物环保、超级计算、智能制造

二、主要机构战略规划研究领域（见表2-12）

表2-12 主要机构战略规划研究领域

机构	规划来源	研究领域
美国白宫	通过推动创新型神经技术开展大脑研究计划（BRAIN）	神经科学，精神病学与心理学
	太阳能部署计划	太阳能，可再生能源
	全面能源战略：通往经济可持续增长之路	可再生能源，低碳技术
	抗耐药细菌方案	抗耐药细菌
	材料基因组计划战略规划	材料基因组计划：生物材料、催化剂、聚合复合材料、关联材料（高温超导体、自旋电子材料、磁性材料、巨磁阻材料、拓扑绝缘体）、光电材料、储能系统、轻质与结构材料、有机电子材料、聚合物
	气候行动计划——削减甲烷排放战略	可再生能源发电
	2014年“国家纳米科学与纳米技术计划”	材料，纳米科学与纳米技术与纳米科学
美国总统科技顾问委员会	大数据及隐私技术策略	大数据及隐私技术
美国思科	预测报告	信息和通信技术，物联网
美国气候预警和韧性委员会自然资源特别工作组	加强美国国家自然资源气候适应能力的优先议程	气候变化和碳循环，气候适应能力
美国农业部、环境保护署和能源部	沼气机遇路线图	能源，环境与气候，气候变化和碳循环研究，沼气排放
美国农业部	声明	生物燃料
美国能源部	启动能源前沿研究中心计划（EFRCs）	太阳能，电力存储，碳捕获与碳封存，极端环境的材料设计

续表

机构	规划来源	研究领域
美国能源部	2014—2018 年战略规划	近海风能发电，科学与能源，核安全，管理与绩效
	2014 版固态照明制造路线图	固态照明
美国进步中心	美国清洁能源投资展望	清洁能源，可再生能源
美国国立卫生研究院	脑 2025：科学远景	神经科学，精神病学与心理学
	用于药物筛选的组织芯片研究计划	药物筛选的组织芯片
	“大数据到知识”大数据应用研究重点计划	大数据
美国国家航空航天局	地球科学任务	发送监测仪器到国际空间站，观测海洋表面风力、云和气溶胶
美国国家标准与技术协会	智能电网互操作性的框架和路线图 3.0 版	光电科技，智能电网，互操作性
巴特尔与生物技术产业组织	2014 年 Battelle/BIO 美国生物科技产业就业、投资与创新情况报告	基因组科学，先进成像技术，再生医学，植物改良，工业生物技术
MIT 麻省理工学院	2014 年能源与气候展望	电力转型，分布式能源，可再生能源，环境与气候，气候变化和碳循环研究
Marketsandmarkets	2014—2020 年全球智能交通市场分析与预测研究报告	智能交通系统
IBM	年度技术预测报告（IBM 5 in 5）	智慧教室，智慧商店，智慧医疗，智慧隐私与保护，智慧城市
IDC	2014 年十大世界使能技术和半导体市场预测	LTE 技术，物联网，智能手机传感器，可穿戴技术，无线通信，ARM 架构，PC 设备外形战，软件定义网络（SDN），网络功能虚拟化（NFV），微小型蜂窝基站，自组织网络，NAND 闪存，半导体

第四节　美国科技发展遴选重点领域

综合分析 2010—2014 年美国的 SCI 论文研究重点领域、2014 年科技项目资助重点领域，以及科技战略规划重点领域得到的重点领域，按照遴选指标的权重进行计算，基于分值的高低，遴选出美国科技发展的 Top10 重点领域（见表 2-13）。

表 2-13 美国科技发展的 Top10 重点领域

单位：分

一级指标	学科（25%）			科研资助（35%）		产业社会（40%）		合计
二级指标	学科规模（10%）	影响力（12.5%）	专家判断（2.5%）	项目数（15%）	经费（20%）	当前（25%）	预测（15%）	
可再生能源及有效利用	2	6	2.5	15	20	25	15	85.5
基因医学、疾病预测	9	12	2	13	7	25	15	83
基因技术	8	12	2	13	7	25	15	82
健康信息技术	6	5	2.5	13	14	25	15	80.5
安全和有效的药物	5	12	2.5	12	4	25	15	75.5
纳米材料与纳米科学与纳米技术	5	9	2	9	2	25	15	67
材料基因组、新兴工程材料	5	9	2	12	2	20	15	65
高性能计算	1	5	2.5	14	2	20	15	59.5
智能制造	1	5	2.5	14	2	20	15	59.5
新型量子器件、量子信息安全技术	4	10	2	10	2	20	10	58

（1）可再生能源及有效利用：先进反应堆、核技术、光伏及太阳能热发电、创新风电技术、先进核能技术、先进地热能源技术、燃料电池、氢燃料技术、氢能、储氢系统、波浪能、潮汐能、海上风能、近海风能发电、低水头水电系统、非粮生物质生物燃料、生物质制碳纤维技术、富氧燃烧技术、二氧化碳捕集、藻类生物燃料、分布式能源、能源有效利用等。

（2）基因医学及疾病预测：可成药基因组，全基因组关联研究，识别 20 种癌症所涉及基因变化，通过利用 DNA 测序发，预防和治疗心、肺、血液疾病。

（3）基因技术：植物基因组研究、植物改良。

（4）健康信息技术：生物医学信息科技、医疗保健信息技术、电子病历、移动技术在医疗中应用、传感器用于监测慢性疾病。

（5）安全和有效药物：内科医药、疫苗佐剂、纳米科学与纳米技术在药物中应用、个性化药物处方剂量、通用流感疫苗、阻止艾滋病流行临床药物、药物筛选组织芯片、抗耐药细菌。

（6）纳米材料与纳米科学与纳米技术：纳米加工、纳米制造、纳米科学与纳米技术，纳米科学与纳米技术在化学、生物、光学、电子材料、药理学方面的突破。

（7）材料基因组、新兴工程材料：未来工程新兴材料、 极端环境材料设计、材料科学与工程研究、先进材料、生物材料、催化剂、聚合复合材料、关联材料（高温超导体/自旋电子材料/磁性材料/巨磁阻材料/拓扑绝缘体）、光电材料、储能系统、轻质与结构材料、有机电子材料、聚合物。

（8）高性能计算：计算机系统、互联网技术与系统、计算机通信基础、计算机信息科学工程、安全可信网络空间、高端计算能力和计算容量、用于医学治疗、先进材料、汽车和飞机高效设计的超级计算机。

（9）智能制造：科学研究设施、智能电网、智能假肢、智能互联健康、智能手机传感器、可穿戴技术。

（10）新型量子器件/量子信息安全技术：新型量子器件、量子信息处理和量子力学模拟、安全量子通信技术。

第三章

Chapter 3

日本科技发展重点领域

第一节 日本科技论文研究重点领域

通过检索日本近五年来被SCI收录的发文，对比发文的Web of Science 类别的年度分布，分析日本在过去五年中从事科学研究的重点领域。

一、2010 年论文研究领域

日本 2010 年被 SCI 收录的发文总数为 91614 篇，发文较多的研究领域为：生物化学-分子生物学、物理应用、神经科学、材料科学多学科、药理学、肿瘤学、化学多学科、物理化学、外科、心脏心血管系统、电气电子工程、物理凝聚物质、细胞生物学、临床神经病学、代谢内分泌学、生物技术-应用微生物、肝病、胃肠病、有机化学、外周血管疾病、免疫学等（见表 3-1）。

表 3-1 日本 2010 年 SCI 论文 Top50 研究领域

排名	学科领域	论文数量（篇）	百分比（%）
1	生物化学-分子生物学（Biochemistry Molecular Biology）	5752	6.279
2	物理应用（Physics Applied）	5719	6.242
3	神经科学（Neurosciences）	4835	5.278
4	材料科学多学科（Materials Science Multidisciplinary）	4319	4.714
5	药理学（Pharmacology Pharmacy）	4142	4.521
6	肿瘤学（Oncology）	3806	4.154
7	化学多学科（Chemistry Multidisciplinary）	3643	3.976
8	物理化学（Chemistry Physical）	3193	3.485
9	外科（Surgery）	3166	3.456
10	心脏心血管系统（Cardiac Cardiovascular Systems）	3074	3.355
11	电气电子工程（Engineering Electrical Electronic）	2978	3.251
12	物理凝聚物质（Physics Condensed Matter）	2697	2.944

续表

排名	学科领域	论文数量（篇）	百分比（%）
13	细胞生物学（Cell Biology）	2656	2.899
14	临床神经病学（Clinical Neurology）	2444	2.668
15	代谢内分泌学（Endocrinology Metabolism）	2351	2.566
16	生物技术-应用微生物（Biotechnology Applied Microbiology）	2334	2.548
17	肝病、胃肠病（Gastroenterology Hepatology）	2127	2.322
18	有机化学（Chemistry Organic）	2009	2.193
19	外周血管疾病（Peripheral Vascular Disease）	1872	2.043
20	免疫学（Immunology）	1675	1.828
21	纳米科学与纳米技术（Nanoscience Nanotechnology）	1616	1.764
22	遗传学遗传（Genetics Heredity）	1561	1.704
23	医学实验研究（Medicine Research Experimental）	1546	1.688
24	物理多学科（Physics Multidisciplinary）	1534	1.674
25	放射核医学影像（Radiology Nuclear Medicine Medical Imaging）	1516	1.655
26	生物物理学（Biophysics）	1482	1.618
27	生理学（Physiology）	1472	1.607
28	食品科学技术（Food Science Technology）	1458	1.591
29	高分子科学（Polymer Science）	1424	1.554
30	冶金矿冶工程（Metallurgy Metallurgical Engineering）	1397	1.525
31	天文天体物理学（Astronomy Astrophysics）	1387	1.514
32	血液学（Hematology）	1381	1.507
33	植物科学（Plant Sciences）	1362	1.487
34	光学（Optics）	1325	1.446
35	数学（Mathematics）	1209	1.32
36	微生物学（Microbiology）	1155	1.261
37	病理学（Pathology）	1141	1.245
38	原子分子化学物理（Physics Atomic Molecular Chemical）	1140	1.244
39	环境科学（Environmental Sciences）	1135	1.239
40	化学工程（Engineering Chemical）	1082	1.181
41	皮肤病学（Dermatology）	1079	1.178
42	泌尿肾脏病（Urology Nephrology）	1052	1.148
43	分析化学（Chemistry Analytical）	1026	1.12

续表

排名	学科领域	论文数量（篇）	百分比（%）
44	物理粒子领域（Physics Particles Fields）	1012	1.105
45	化学应用（Chemistry Applied）	1002	1.094
46	药用化学（Chemistry Medicinal）	990	1.081
47	多学科科学（Multidisciplinary Sciences）	987	1.077
48	呼吸系统（Respiratory System）	889	0.97
49	工程机械（Engineering Mechanical）	885	0.966
50	普通内科医学（Medicine General Internal）	878	0.958

二、2011 年论文研究领域

日本 2011 年被 SCI 收录的发文总数为 92447 篇，比 2010 年增加 833 篇。发文较多的研究领域为：物理应用、生物化学-分子生物学、材料科学多学科、神经科学、化学多学科、肿瘤学、药理学、心脏心血管系统、物理化学、外科、电气电子工程、细胞生物学、肝病、胃肠病、物理凝聚物质、临床神经病学、外周血管疾病、有机化学、生物技术-应用微生物、物理多学科、免疫学等（见表 3-2）。

表 3-2　日本 2011 年 SCI 论文 Top50 研究领域

排名	学科领域	论文数量（篇）	百分比（%）
1	物理应用（Physics Applied）	5757	6.227
2	生物化学-分子生物学（Biochemistry Molecular Biology）	5255	5.684
3	材料科学多学科（Materials Science Multidisciplinary）	4853	5.249
4	神经科学（Neurosciences）	4381	4.739
5	化学多学科（Chemistry Multidisciplinary）	4114	4.45
6	肿瘤学（Oncology）	4051	4.382
7	药理学（Pharmacology Pharmacy）	4041	4.371
8	心脏心血管系统（Cardiac Cardiovascular Systems）	3679	3.98
9	物理化学（Chemistry Physical）	3396	3.673
10	外科（Surgery）	3242	3.507

续表

排名	学科领域	论文数量（篇）	百分比（%）
11	电气电子工程（Engineering Electrical Electronic）	3233	3.497
12	细胞生物学（Cell Biology）	2565	2.775
13	肝病、胃肠病（Gastroenterology Hepatology）	2323	2.513
14	物理凝聚物质（Physics Condensed Matter）	2276	2.462
15	临床神经病学（Clinical Neurology）	2255	2.439
16	外周血管疾病（Peripheral Vascular Disease）	2155	2.331
17	有机化学（Chemistry Organic）	2003	2.167
18	生物技术-应用微生物（Biotechnology Applied Microbiology）	1958	2.118
19	物理多学科（Physics Multidisciplinary）	1890	2.044
20	免疫学（Immunology）	1726	1.867
21	纳米科学与纳米技术（Nanoscience Nanotechnology）	1683	1.821
22	放射核医学影像（Radiology Nuclear Medicine Medical Imaging）	1633	1.766
23	血液学（Hematology）	1562	1.69
24	植物科学（Plant Sciences）	1468	1.588
25	天文天体物理学（Astronomy Astrophysics）	1465	1.585
26	光学（Optics）	1458	1.577
27	多学科科学（Multidisciplinary Sciences）	1453	1.572
28	高分子科学（Polymer Science）	1445	1.563
29	食品科学技术（Food Science Technology）	1436	1.553
30	核科学技术（Nuclear Science Technology）	1420	1.536
31	遗传学遗传（Genetics Heredity）	1409	1.524
32	医学实验研究（Medicine Research Experimental）	1393	1.507
33	代谢内分泌学（Endocrinology Metabolism）	1362	1.473
34	环境科学（Environmental Sciences）	1330	1.439
35	泌尿肾脏病（Urology Nephrology）	1309	1.416
36	数学（Mathematics）	1299	1.405
37	冶金矿冶工程（Metallurgy Metallurgical Engineering）	1282	1.387
38	生物物理学（Biophysics）	1276	1.38
39	原子分子化学物理（Physics Atomic Molecular Chemical）	1199	1.297
40	微生物学（Microbiology）	1174	1.27
41	分析化学（Chemistry Analytical）	1124	1.216

续表

排名	学科领域	论文数量（篇）	百分比（%）
42	化学工程（Engineering Chemical）	1111	1.202
43	呼吸系统（Respiratory System）	1071	1.159
44	药用化学（Chemistry Medicinal）	1066	1.153
45	化学应用（Chemistry Applied）	1025	1.109
46	物理粒子领域（Physics Particles Fields）	1015	1.098
47	病理学（Pathology）	1005	1.087
48	皮肤病学（Dermatology）	997	1.078
49	普通内科医学（Medicine General Internal）	980	1.06
50	仪器仪表（Instruments Instrumentation）	952	1.03

三、2012年论文研究领域

日本2012年被SCI收录的发文总数为93936篇，比2011年增加1489篇。发文较多的研究领域为：生物化学-分子生物学、物理应用、肿瘤学、材料科学多学科、化学多学科、药理学、心脏心血管系统、外科、物理化学、神经科学、电气电子工程、肝病、胃肠病、临床神经病学、细胞生物学、物理凝聚物质、多学科科学、生物技术-应用微生物、有机化学、外周血管疾病、免疫学等（见表3-3）。

表3-3 日本2012年SCI论文Top50研究领域

排名	学科领域	论文数量（篇）	百分比（%）
1	生物化学-分子生物学（Biochemistry Molecular Biology）	5611	5.973
2	物理应用（Physics Applied）	5409	5.758
3	肿瘤学（Oncology）	4670	4.971
4	材料科学多学科（Materials Science Multidisciplinary）	4467	4.755
5	化学多学科（Chemistry Multidisciplinary）	4170	4.439
6	药理学（Pharmacology Pharmacy）	3980	4.237
7	心脏心血管系统（Cardiac Cardiovascular Systems）	3861	4.11
8	外科（Surgery）	3357	3.574

续表

排名	学科领域	论文数量（篇）	百分比（%）
9	物理化学（Chemistry Physical）	3299	3.512
10	神经科学（Neurosciences）	3182	3.387
11	电气电子工程（Engineering Electrical Electronic）	3040	3.236
12	肝病、胃肠病（Gastroenterology Hepatology）	2832	3.015
13	临床神经病学（Clinical Neurology）	2642	2.813
14	细胞生物学（Cell Biology）	2606	2.774
15	物理凝聚物质（Physics Condensed Matter）	2208	2.351
16	多学科科学（Multidisciplinary Sciences）	2156	2.295
17	生物技术-应用微生物（Biotechnology Applied Microbiology）	2136	2.274
18	有机化学（Chemistry Organic）	2051	2.183
19	外周血管疾病（Peripheral Vascular Disease）	2027	2.158
20	免疫学（Immunology）	1913	2.036
21	物理多学科（Physics Multidisciplinary）	1881	2.002
22	放射核医学影像（Radiology Nuclear Medicine Medical Imaging）	1821	1.939
23	纳米科学与纳米技术（Nanoscience Nanotechnology）	1693	1.802
24	遗传学遗传（Genetics Heredity）	1596	1.699
25	天文天体物理学（Astronomy Astrophysics）	1577	1.679
26	医学实验研究（Medicine Research Experimental）	1554	1.654
27	高分子科学（Polymer Science）	1479	1.574
28	食品科学技术（Food Science Technology）	1478	1.573
29	生物物理学（Biophysics）	1433	1.526
30	泌尿肾脏病（Urology Nephrology）	1425	1.517
31	代谢内分泌学（Endocrinology Metabolism）	1408	1.499
32	光学（Optics）	1402	1.493
33	植物科学（Plant Sciences）	1396	1.486
34	血液学（Hematology）	1383	1.472
35	数学（Mathematics）	1304	1.388
36	冶金矿冶工程（Metallurgy Metallurgical Engineering）	1262	1.343
37	皮肤病学（Dermatology）	1254	1.335
38	环境科学（Environmental Sciences）	1238	1.318
39	普通内科医学（Medicine General Internal）	1230	1.309

续表

排名	学科领域	论文数量（篇）	百分比（%）
40	微生物学（Microbiology）	1197	1.274
41	原子分子化学物理（Physics Atomic Molecular Chemical）	1160	1.235
42	分析化学（Chemistry Analytical）	1080	1.15
43	药用化学（Chemistry Medicinal）	1068	1.137
44	化学工程（Engineering Chemical）	1029	1.095
45	病理学（Pathology）	1015	1.081
46	化学应用（Chemistry Applied）	975	1.038
47	物理粒子领域（Physics Particles Fields）	935	0.995
48	地球科学多学科（Geosciences Multidisciplinary）	870	0.926
49	移植（Transplantation）	860	0.916
50	数学应用（Mathematics Applied）	822	0.875

四、2013 年论文研究领域

日本 2013 年被 SCI 收录的发文总数为 95755 篇，比 2011 年增加 1819 篇。发文较多的研究领域为：物理应用、肿瘤学、生物化学-分子生物学、材料科学多学科、心脏心血管系统、化学多学科、药理学、物理化学、外科、多学科科学、电气电子工程、临床神经病学、神经科学、外周血管疾病、细胞生物学、生物技术-应用微生物、物理多学科、肝病、胃肠病、有机化学、物理凝聚物质等（见表 3-4）。

表 3-4　日本 2013 年 SCI 论文 Top50 研究领域

排名	学科领域	论文数量（篇）	百分比（%）
1	物理应用（Physics Applied）	5377	5.615
2	肿瘤学（Oncology）	5038	5.261
3	生物化学-分子生物学（Biochemistry Molecular Biology）	4854	5.069
4	材料科学多学科（Materials Science Multidisciplinary）	4796	5.009
5	心脏心血管系统（Cardiac Cardiovascular Systems）	4098	4.28
6	化学多学科（Chemistry Multidisciplinary）	3999	4.176

续表

排名	学科领域	论文数量（篇）	百分比(%)
7	药理学（Pharmacology Pharmacy）	3897	4.07
8	物理化学（Chemistry Physical）	3398	3.549
9	外科（Surgery）	3209	3.351
10	多学科科学（Multidisciplinary Sciences）	3068	3.204
11	电气电子工程（Engineering Electrical Electronic）	3025	3.159
12	临床神经病学（Clinical Neurology）	2739	2.86
13	神经科学（Neurosciences）	2669	2.787
14	外周血管疾病（Peripheral Vascular Disease）	2336	2.44
15	细胞生物学（Cell Biology）	2323	2.426
16	生物技术-应用微生物（Biotechnology Applied Microbiology）	2175	2.271
17	物理多学科（Physics Multidisciplinary）	2002	2.091
18	肝病、胃肠病（Gastroenterology Hepatology）	1881	1.964
19	有机化学（Chemistry Organic）	1852	1.934
20	物理凝聚物质（Physics Condensed Matter）	1821	1.902
21	代谢内分泌学（Endocrinology Metabolism）	1745	1.822
22	免疫学（Immunology）	1725	1.801
23	纳米科学与纳米技术（Nanoscience Nanotechnology）	1706	1.782
24	放射核医学影像（Radiology Nuclear Medicine Medical Imaging）	1584	1.654
25	生理学（Physiology）	1581	1.651
26	天文天体物理学（Astronomy Astrophysics）	1520	1.587
27	遗传学遗传（Genetics Heredity）	1506	1.573
28	医学实验研究（Medicine Research Experimental）	1459	1.524
29	食品科学技术（Food Science Technology）	1449	1.513
30	高分子科学（Polymer Science）	1446	1.51
31	呼吸系统（Respiratory System）	1444	1.508
32	光学（Optics）	1409	1.471
33	微生物学（Microbiology）	1368	1.429
34	植物科学（Plant Sciences）	1362	1.422
35	冶金矿冶工程（Metallurgy Metallurgical Engineering）	1354	1.414
36	原子分子化学物理（Physics Atomic Molecular Chemical）	1353	1.413
37	生物物理学（Biophysics）	1343	1.403

续表

排名	学科领域	论文数量（篇）	百分比(%)
38	数学（Mathematics）	1285	1.342
39	环境科学（Environmental Sciences）	1260	1.316
40	皮肤病学（Dermatology）	1249	1.304
41	化学工程（Engineering Chemical）	1235	1.29
42	血液学（Hematology）	1198	1.251
43	核科学技术（Nuclear Science Technology）	1180	1.232
44	泌尿肾脏病（Urology Nephrology）	1157	1.208
45	分析化学（Chemistry Analytical）	1143	1.194
46	病理学（Pathology）	1091	1.139
47	能源燃料（Energy Fuels）	1086	1.134
48	化学应用（Chemistry Applied）	1026	1.071
49	普通内科医学（Medicine General Internal）	996	1.04
50	仪器仪表（Instruments Instrumentation）	977	1.02

五、2014 年论文研究领域

日本 2014 年被 SCI 收录的发文总数为 82834 篇，比 2013 年减少，这与 Web of Science 数据库更新滞后有关。2014 年发文较多的研究领域为：物理应用、材料科学多学科、生物化学-分子生物学、化学多学科、肿瘤学、外科、药理学、物理化学、心脏心血管系统、多学科科学、神经科学、电气电子工程、肝病、胃肠病、临床神经病学、细胞生物学、生物技术-应用微生物、物理凝聚物质、免疫学、有机化学、纳米科学与纳米技术，其中纳米科学与纳米技术近五年来首次出现在前 20 个领域中（见表 3-5）。

表 3-5 日本 2014 年 SCI 论文 Top50 研究领域

排名	学科领域	论文数量(篇)	百分比（%）
1	物理应用（Physics Applied）	5017	6.057
2	材料科学多学科（Materials Science Multidisciplinary）	4370	5.276

续表

排名	学科领域	论文数量（篇）	百分比（%）
3	生物化学-分子生物学（Biochemistry Molecular Biology）	3746	4.522
4	化学多学科（Chemistry Multidisciplinary）	3719	4.49
5	肿瘤学（Oncology）	3700	4.467
6	外科（Surgery）	3652	4.409
7	药理学（Pharmacology Pharmacy）	3414	4.121
8	物理化学（Chemistry Physical）	3174	3.832
9	心脏心血管系统（Cardiac Cardiovascular Systems）	2885	3.483
10	多学科科学（Multidisciplinary Sciences）	2829	3.415
11	神经科学（Neurosciences）	2724	3.289
12	电气电子工程（Engineering Electrical Electronic）	2450	2.958
13	肝病、胃肠病（Gastroenterology Hepatology）	2281	2.754
14	临床神经病学（Clinical Neurology）	2122	2.562
15	细胞生物学（Cell Biology）	1944	2.347
16	生物技术-应用微生物（Biotechnology Applied Microbiology）	1818	2.195
17	物理凝聚物质（Physics Condensed Matter）	1813	2.189
18	免疫学（Immunology）	1698	2.05
19	有机化学（Chemistry Organic）	1695	2.046
20	纳米科学与纳米技术（Nanoscience Nanotechnology）	1591	1.921
21	医学实验研究（Medicine Research Experimental）	1475	1.781
22	放射核医学影像（Radiology Nuclear Medicine Medical Imaging）	1389	1.677
23	物理多学科（Physics Multidisciplinary）	1388	1.676
24	天文天体物理学（Astronomy Astrophysics）	1379	1.665
25	泌尿肾脏病（Urology Nephrology）	1322	1.596
26	光学（Optics）	1320	1.594
27	外周血管疾病（Peripheral Vascular Disease）	1251	1.51
28	环境科学（Environmental Sciences）	1181	1.426
29	皮肤病学（Dermatology）	1176	1.42
30	高分子科学（Polymer Science）	1166	1.408
31	食品科学技术（Food Science Technology）	1166	1.408
32	冶金矿冶工程（Metallurgy Metallurgical Engineering）	1138	1.374
33	生物物理学（Biophysics）	1137	1.373

续表

排名	学科领域	论文数量（篇）	百分比（%）
34	植物科学（Plant Sciences）	1111	1.341
35	数学（Mathematics）	1099	1.327
36	遗传学遗传（Genetics Heredity）	1093	1.32
37	原子分子化学物理（Physics Atomic Molecular Chemical）	1075	1.298
38	移植（Transplantation）	1054	1.272
39	代谢内分泌学（Endocrinology Metabolism）	1018	1.229
40	血液学（Hematology）	995	1.201
41	化学工程（Engineering Chemical）	979	1.182
42	分析化学（Chemistry Analytical）	943	1.138
43	微生物学（Microbiology）	926	1.118
44	仪器仪表（Instruments Instrumentation）	918	1.108
45	普通内科医学（Medicine General Internal）	907	1.095
46	妇产科（Obstetrics Gynecology）	905	1.093
47	能源燃料（Energy Fuels）	883	1.066
48	病理学（Pathology）	878	1.06
49	物理粒子领域（Physics Particles Fields）	844	1.019
50	核科学技术（Nuclear Science Technology）	829	1.001

六、2010—2014 年论文研究重点领域

日本 2010—2014 年被 SCI 收录的发文总数为 457627 篇，日本近五年发文较多的研究领域为：物理应用、生物化学-分子生物学、材料科学多学科、肿瘤学、化学多学科、药理学、神经科学、心脏心血管系统、外科、物理化学、电气电子工程、临床神经病学、细胞生物学、肝病、胃肠病、物理凝聚物质、生物技术-应用微生物、外周血管疾病、化学有机、免疫学、物理多学科等，可见日本在近五年的研究中，生物医学领域、物理、化学领域的研究较多（见表 3-6）。

表 3-6　日本 2010—2014 年 SCI 论文 Top50 研究领域

排名	学科领域	论文数量（篇）	百分比（%）
1	物理应用（Physics Applied）	27382	7.462
2	生物化学-分子生物学（Biochemistry Molecular Biology）	25239	6.878
3	材料科学多学科（Materials Science Multidisciplinary）	22904	6.242
4	肿瘤学（Oncology）	21290	5.802
5	化学多学科（Chemistry Multidisciplinary）	19711	5.372
6	药理学（Pharmacology Pharmacy）	19522	5.32
7	神经科学（Neurosciences）	17830	4.859
8	心脏心血管系统（Cardiac Cardiovascular Systems）	17641	4.807
9	外科（Surgery）	16652	4.538
10	物理化学（Chemistry Physical）	16488	4.493
11	电气电子工程（Engineering Electrical Electronic）	14751	4.02
12	临床神经病学（Clinical Neurology）	12225	3.332
13	细胞生物学（Cell Biology）	12100	3.297
14	肝病、胃肠病（Gastroenterology Hepatology）	11484	3.13
15	物理凝聚物质（Physics Condensed Matter）	10853	2.958
16	多学科科学（Multidisciplinary Sciences）	10531	2.87
17	生物技术-应用微生物（Biotechnology Applied Microbiology）	10446	2.847
18	外周血管疾病（Peripheral Vascular Disease）	9659	2.632
19	化学有机（Chemistry Organic）	9636	2.626
20	免疫学（Immunology）	8754	2.386
21	物理多学科（Physics Multidisciplinary）	8710	2.374
22	纳米科学与纳米技术（Nanoscience Nanotechnology）	8321	2.268
23	放射核医学影像（Radiology Nuclear Medicine Medical Imaging）	7954	2.168
24	代谢内分泌学（Endocrinology Metabolism）	7901	2.153
25	医学实验研究（Medicine Research Experimental）	7438	2.027
26	天文天体物理学（Astronomy Astrophysics）	7350	2.003
27	遗传学遗传（Genetics Heredity）	7179	1.956
28	食品科学技术（Food Science Technology）	6991	1.905
29	高分子科学（Polymer Science）	6973	1.9
30	光学（Optics）	6934	1.89
31	植物科学（Plant Sciences）	6710	1.829

续表

排名	学科领域	论文数量（篇）	百分比（%）
32	生物物理学（Biophysics）	6674	1.819
33	血液学（Hematology）	6533	1.78
34	冶金矿冶工程（Metallurgy Metallurgical Engineering）	6483	1.767
35	泌尿肾脏病（Urology Nephrology）	6269	1.708
36	数学（Mathematics）	6220	1.695
37	环境科学（Environmental Sciences）	6158	1.678
38	原子分子化学物理（Physics Atomic Molecular Chemical）	5937	1.618
39	微生物学（Microbiology）	5835	1.59
40	皮肤病学（Dermatology）	5757	1.569
41	化学工程（Engineering Chemical）	5445	1.484
42	分析化学（Chemistry Analytical）	5329	1.452
43	生理学（Physiology）	5204	1.418
44	病理学（Pathology）	5152	1.404
45	呼吸系统（Respiratory System）	4994	1.361
46	核科学技术（Nuclear Science Technology）	4994	1.361
47	普通内科医学（Medicine General Internal）	4993	1.361
48	药用化学（Chemistry Medicinal）	4903	1.336
49	物理粒子领域（Physics Particles Fields）	4794	1.306
50	化学应用（Chemistry Applied）	4789	1.305

选择每年发文数 Top20 的研究领域，对其进行赋值，赋值方法为：年度发文数排名第一的研究领域赋值为 20，排名第二的研究领域赋值为 19，依此类推，排名二十的研究领域赋值为 1。筛选近五年总体发文权重排在前 20 名及每年发文权重排在前 20 名的学科领域共 23 个，具体权重排名变化如图 3-1 所示。

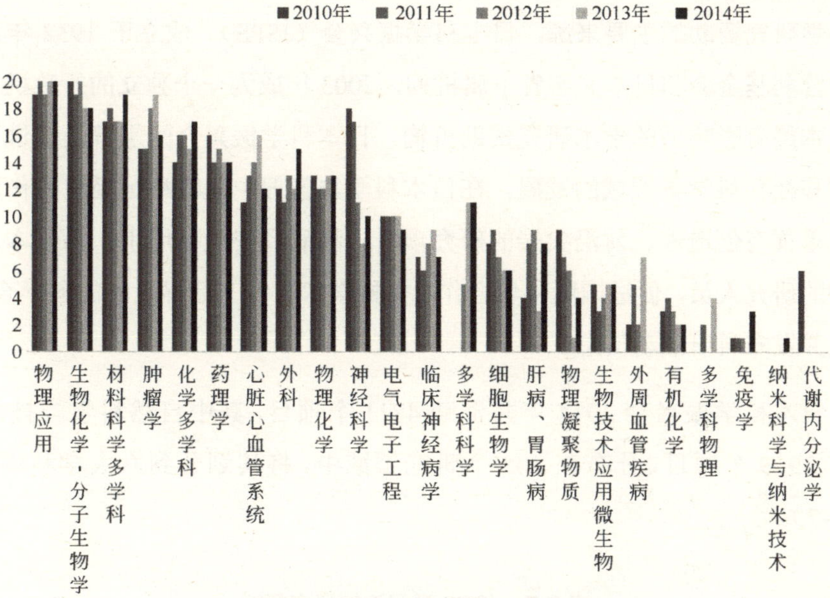

图 3-1 日本 SCI 论文研究重点领域权重变化

（本图彩图请参见本书最后插图）

由图 3-1 可见，近五年，物理应用、生物化学-分子生物学、材料科学、肿瘤学、化学、药理学、心脏心血管系统、外科、物理化学一直都是日本论文的重点领域；神经科学在 2010—2011 年发文量比较突出，2012 年后有所减少，代谢内分泌学在 2011 年及以后都没有进入前 20 名。材料科学、化学、外科、免疫学 2014 年有所增加。综合年度发文数和近五年总体发文数排在前 20 名研究领域的整体情况，日本遴选出的研究重点领域是：物理应用、生物化学-分子生物学、材料科学、肿瘤学、化学、药理学、外科、心脏心血管系统、物理化学、神经科学、电气电子工程。

第二节 日本科技项目资助重点领域

一、日本科学振兴会资助研究领域

分析日本近五年 SCI 收录的发文的资助情况，发现日本科学振兴会为日本科学研究资助的主要来源，日本科学振兴会（JSPS）[1]成立于1932年，曾是非营利基金会和日本文部省下属机构，2003年成为一个独立的行政机构，是日本最有影响力的学术研究资助机构。日本科学振兴会的宗旨是促进自然科学和社会科学各领域的发展，在日本科学与管理中起着举足轻重的作用，非常重视有创造性、前沿尖端的研究项目，科研经费主要用于：为日本培养年轻的研究人员，促进国际科学合作，支持学术界与工业界之间的科学合作，收集并发布科研活动信息。

日本科学振兴会2014年共资助4811个项目，其中自然科学与技术类的有3969个项目，分布在305个研究领域中，将其划分到六大学科中（见表3-7）。

表3-7 JSPS项目资助研究领域

学科	领域	项目数（个）	经费（日元）
数学和物理科学	薄膜表面界面物理性能	14	196300000
	代数	13	64220000
	固体地球和行星物理	14	135980000
	合作探索数学科学	13	56810000
	环保物资回收	5	45890000
	核科学	16	209170000
	基础数学与应用数学	5	34190000
	几何	6	31460000
	聚变科学	16	197080000
	发展光敏高分子理论体系	14	244270000
	粒子和核-宇宙射线和空间物理学	53	734370000
	量子束学	21	292240000
	摩天大楼物理学	7	47710000
	融合与中微子前沿演变	8	20540000
	能量学	15	127400000
	数学分析	7	45890000

1 The Japan Society for the Promotion of Science（JSPS），http://www.jsps.go.jp。

续表

学科	领域	项目数（个）	经费（日元）
数学和物理科学	数学物理和物理特性的基础	5	36530000
	数学信息学	1	3120000
	天文学	22	294580000
	原子层科学	29	89310000
	原子、分子和量子电子学	13	182260000
生命科学	超高速生物汇编	23	124800000
	吃穿住生命科学	8	60320000
	创造冥古生命科学	6	283920000
	代谢组学	12	115180000
	地层、古生物	8	97890000
	动态染色质结构和功能	19	91000000
	动物生产学	14	155870000
	动物生理学与行为	5	47970000
	发育生物学	14	111150000
	反应工程工艺系统	9	118690000
	组织单分子和新功能创造	19	54860000
	化学生物学	7	93340000
	合成生物学和多元生物分子网络	17	85800000
	基因组和遗传相关性：成立遗传学的一个新的领域	20	130000000
	基因组生物学	11	89180000
	基因组医学	5	29250000
	寄生虫（含卫生动物）	14	111930000
	家政与生命科学	5	#N/A
	分子基础上上皮管腔形成，维持与破坏的极性信号控制	17	79690000
	解剖一般（包括组织学、胚胎学）	5	34320000
	同感性进化神经基础	13	62790000
	进化生物学	8	58500000
	昆虫科学	11	78000000
	生命、健康和医疗信息	13	141180000
	生态与环境	20	206440000
	生物多样性和分类	21	159120000

续表

学科	领域	项目数（个）	经费（日元）
生命科学	生物功能和生物过程	18	138710000
	生物化学	16	220740000
	以细胞为起点的生物控制网络	9	214890000
	生物物理、化学物理和物理软物质	10	129480000
	生物物理学	17	186940000
	生物相关的化学	19	213980000
	生物医学工程与生物材料	42	432900000
	生物有机化学	8	117260000
	生物制药系统	13	100100000
	生物资源保护科学	6	40560000
	实验动物科学	15	139750000
	兽药	29	206700000
	水圈生产科学	19	143130000
	水圈生命科学	11	92300000
	天然产物化学生物学：分子靶点和主动控制	41	115830000
	外延基因组动态及其控制生殖细胞	13	62400000
	系统基因组学	7	66170000
	细胞生物学	17	116870000
	细菌学（含真菌学）	10	59800000
	显示从多样性中存储活力的共同原则	26	117000000
	动态结构生命科学拓新构思测量技术-蛋白质描述	7	166010000
	新生肽链的生物	8	337090000
	血液中的科学	12	188760000
	一般生理学	9	86320000
	少数性生物学-生命现象探求	18	99060000
	遗传育种学	14	109070000
	应用分子细胞生物学	12	134680000
	应用生物化学	13	166140000
	应用微生物学	15	108550000
	园艺科学	12	87230000
	动物配偶生产系统控制	11	68640000

续表

学科	领域	项目数（个）	经费（日元）
生命科学	生命分子系统的动态秩序形成与高次机能表现	39	125710000
	在宇宙中的分子进化：从星际云到原始行星	12	43680000
	支持基因组非编码 DNA 区域的功能	15	78000000
	植物保护科学	18	117910000
	植物发育逻辑多元化发展	17	96590000
	植物分子和生理科学	19	178230000
	植物营养和土壤科学	8	76830000
	生命发展看护学	11	77350000
	转录环境和能量代谢由生命元素串扰控制	23	130000000
	自噬的多学科研究：分子基础疾病	21	106600000
	综合动物科学	15	117260000
	作物生产科学	9	82550000
医学	病毒学	9	76050000
	病理科学牙科和牙科放射学	6	51870000
	病理学检查科学	12	107510000
	病理医师化工	13	99320000
	医学画像、基于计算解剖学的多元化高度智能化诊断	10	259870000
	大脑环境：稳态机制及其崩溃	22	110500000
	儿科	17	128830000
	儿童科学（子环境研究）	5	27170000
	耳鼻喉科	7	69290000
	放射学	18	124670000
	分子生物学	12	90090000
	妇产科	14	100100000
	感染科学	6	39390000
	更正和儿童牙科系统	7	69290000
	工程和回放牙科	7	59020000
	骨科	19	128440000
	呼吸科学	8	53560000
	呼吸外科	4	28340000
	基础护理	15	72540000

续表

学科	领域	项目数（个）	经费（日元）
医学	基础设施和社会脑科学	15	131820000
	基于表单的基础牙科	9	100880000
	基于函数的基础牙科	7	64090000
	青春期精神功能的自我控制理解	16	94380000
	急救医学	14	82030000
	假体科学牙科	12	107770000
	胶原病和过敏科学	8	60970000
	牙科治疗	4	29120000
	精神神经科学	11	84110000
	控制和脑功能表达的胶质组装病理学	20	81900000
	老人护理	7	37050000
	脑内身体表现改变结构控制	8	269880000
	临床护理	6	21970000
	临床心理学	5	24700000
	流行病学和预防医学	15	127920000
	脑神经回路功能	10	256230000
	麻醉学	7	51870000
	泌尿系统	11	79170000
	免疫学	12	166530000
	内分泌	5	28730000
	一般内科学	7	47970000
	脑蛋白老化和老年痴呆症的控制	8	312780000
	脑科学的测量	3	37960000
	皮肤病学	15	92300000
	人类遗传学	3	28470000
	人体病理学	6	41210000
	身体教育学	6	59930000
	神经化学、神经药理学	10	77870000
	神经解剖学、神经病理学	8	70330000
	神经科学	17	136500000
	神经生理学、一般神经科学	29	312130000

续表

学科	领域	项目数（个）	经费（日元）
医学	神经外科	14	85800000
	肾科学	8	81120000
	实验病理学	16	203190000
	实验心理学	11	97240000
	一般外科	16	101400000
	胎儿、新生儿医学	4	24700000
	特殊需要教育	9	58500000
	疼痛学	2	18070000
	体质人类学	6	59800000
	消化外科	14	103870000
	消化系统科学	19	199810000
	小儿外科	2	8320000
	心血管科学	19	127270000
	心血管外科	9	80470000
	牙科外科	16	150800000
	牙周治疗系统、牙科	2	15600000
	眼科	7	50050000
	医院和医疗管理学	7	41600000
	遗传染色体动态	6	68900000
	整形外科	6	31850000
	肿瘤的诊断	6	34840000
	肿瘤生物学	19	146380000
	肿瘤治疗	15	147420000
	系统单元疾病原理	9	320970000
计算机科学与工程	3D 主动式的科学网站	13	289250000
	电脑系统	11	84240000
	电子和电气工程材料	30	383500000
	电子设备和电子设备	34	395850000
	多媒体数据库	11	88270000
	非编码 RNA Neotakusonomi	8	322140000
	感知信息处理	21	171470000

续表

学科	领域	项目数（个）	经费（日元）
计算机科学与工程	高性能计算	5	61230000
	基本信息学理论	3	12350000
	计算科学	6	29510000
	敏感信息学	7	47580000
	人机界面互动	19	125580000
	软计算	5	33670000
	软件	10	58760000
	预测脑计算机制和决策阐发人类理解	28	143780000
	通信与网络工程	13	134940000
	图书馆与信息科学和人文社会信息	12	69810000
	网络信息科技服务和信息科学	7	41990000
	信息安全	2	7800000
	信息网络	16	125970000
	娱乐游戏信息科学	4	23270000
	智能机器人	13	147420000
	智能科学	21	145470000
	智能力学和机械系统	23	223990000
工程	Nanosupin 转换科学	6	336960000
	π 建模科学：通过电子和结构的动力控制新功能创造	17	326430000
	材料和生命科学的粒子超慢介子显微镜首创前沿	13	52650000
	材料加工和组织控制工程	19	256230000
	碳水化合物工作原理	22	97500000
	测量工程	9	101660000
	城市规划和建筑规划	13	79820000
	船舶海洋工程	21	163150000
	同步型 LPSO 结构材料科学	18	66950000
	催化剂和资源化学过程	14	136630000
	当地的环境工程和规划研究	9	91000000
	量子成像的三维半导体探测器	8	51220000
	等离子电子	7	67210000
	等离子体科学	9	80340000

续表

学科	领域	项目数（个）	经费（日元）
工程	动力、电源转换和电气设备	19	178880000
	分析化学	18	255970000
	辐射和化学物质影响科学	18	199030000
	复合材料及表界面工程	10	120510000
	高分子化学	17	158860000
	高分子纤维材料	12	97890000
	工程设计、设备的功能元素、摩擦学	14	121030000
	公法研究	8	37180000
	功能生化	17	169130000
	功能性化学品	22	226200000
	光亮工程和光子学	23	262080000
	航天工程	18	164450000
	合成化学	22	255970000
	化学性质和转移操作及单元操作	11	95030000
	化学制药系统	9	96720000
	环保技术和负载减少	6	61490000
	环境动力学分析	40	462150000
	环境风险控制和评估	6	62010000
	环境和卫生系统药房	2	12220000
	环境建模和保护修复技术	7	70590000
	环境农业（包括景观学）	17	125320000
	环境生理学（含体强制医疗和营养生理学）	7	106860000
	环境影响评价	10	90740000
	环境政策、环境和社会制度	11	79170000
	机械材料和材料力学	20	337480000
	机械动力学与控制	10	72410000
	基本面分析	7	31980000
	建筑环境与设备	15	167440000
	建筑结构和材料	18	127530000
	建筑历史与设计	10	51610000
	结构工程、地震工程与维修工程	14	123630000

续表

学科	领域	项目数（个）	经费（日元）
工程	结构生物化学	16	130650000
	结构与功能材料	28	373880000
	金属和资源生产工程	13	177710000
	金属性质和材料	10	117520000
	康复科学与工程福利	22	199810000
	分子功能的理论与实验	34	117000000
	可持续系统	12	196950000
	控制系统工程	8	66560000
	木材科学	11	129610000
	纳米材料工程	11	121030000
	纳米材料化学	14	163150000
	纳米分子科学	17	52000000
	纳米化学	5	43940000
	纳米结构物理	10	179920000
	纳米结构信息前沿-材料科学的新发展	14	39000000
	纳米生物科学	5	42900000
	纳米微系统	13	114920000
	热能工程	16	168610000
	认知相互作用沟通模式理论人工设计应用	6	144820000
	认知科学	9	80340000
	设备相关的化学品	8	92950000
	设计科学	10	74100000
	流体工学	14	130000000
	生产工程及加工研究	18	167440000
	综合理解以氧气为基础的生命	12	332020000
	食品科学	15	135460000
	食品流通研究	17	110760000
	水晶工程	14	201630000
	特别促进研究	15	1733160000
	以天然资源为基础的制药	10	65390000
	统计科学	9	62660000

续表

学科	领域	项目数（个）	经费（日元）
工程	土木工程材料、施工和施工管理	11	95550000
	土木工程科学规划和交通工程	14	133640000
	土木与环境系统	17	143000000
	无机材料和物理性质	20	209690000
	无机工业原料	15	187070000
	无机化学	18	290550000
	物理化学	24	280540000
	科学数据驱动创新	5	36270000
	稀疏的造型深化和创造高维数据驱动的科学	30	83980000
	以药理学为基础的制药	4	22750000
	药物化学	22	74620000
	药理学	11	73190000
	医疗系统	16	170690000
	医疗制药	10	63570000
	医学物理、辐射技术科学	7	48750000
	应用物理性能	13	221130000
	应用物理	6	70330000
	应用药理学	7	45240000
	有机分子催化剂的未来分子转换	55	188500000
	有机化学	12	102570000
	有机杂化材料	6	53040000
	与能源相关的化学	5	45240000
	自来水工程	13	121680000
	自然共生系统	6	52910000
	自然灾害科学与防灾科学	23	174330000
地球科学	地理	12	114270000
	地球与空间化学	8	108550000
	地球资源工程	11	102570000
	地下粒子和核研究披露宇宙的历史	9	323570000
	地质学	12	227370000

续表

学科	领域	项目数（个）	经费（日元）
地球科学	旅游学	11	52650000
	绿色环保化学	7	68510000
	农业环境与信息工程	9	88010000
	气象和物理海洋学、湖沼学	15	156000000
	人文地理	11	64090000
	森林科学	24	181090000
	太阳系外行星新领域：探索类地行星	3	10660000
	地壳动力学/岛屿范围内认识地震后变形	7	325650000
	岩石和矿物经济地质学	13	131560000
	岩土工程	14	131820000

日本科学振兴会 2014 年资助的项目中，数学与物理研究的项目 297 个，生命科学类项目 1008 个，医学项目 767 个，计算机与智能项目 322 个，地球科学项目 166 个，各种工程类项目 1409 个，其中纳米科学与纳米技术的项目 89 个。可见，日本振兴会 2014 年资助项目中，生命科学与医学占的比重还是最高的。

二、主要计划项目资助研究领域

（一）战略性创新项目

2014 年 4 月，日本启动了旨在开辟新领域的战略性创新项目。该项目由内阁专门设置科技创新推进经费，由综合科学技术委员会组织专家组对项目进行审议和评价。每个项目组组长将协调各省厅、专家委员会的工作，推动研究开发计划的实施。2014 年启动了 10 个研究项目，从产学各界招募了 10 个项目负责人，政府总预算 500 亿日元，评估通过后可获得 3～5 年的持续支持。战略性创新项目资助研究领域如表 3-8 所示。

表 3-8　战略性创新项目资助研究领域

项目	研究领域
革新燃烧技术，改进高温空气燃烧技术	高热效回收技术和高温低氧燃烧技术
新一代电子设备技术	新一代微型与高速半导体存储模块、半导体器件、半导体单晶片的技术开发
新材料开发	航空飞机树脂和玻璃钢材料、耐环境陶瓷材料、耐热合金的开发
新能源开发	氨能、有机氢化物、氢能利用技术研发
新一代海洋资源调查技术	海洋资源成因研究、海洋资源及生态系统实地调查和长期监测技术开发
智能车辆系统技术	自动驾驶系统开发与验证、可视化监测 CO_2 排放、微型技术与模拟实验技术开发
基础设施管理与监测技术	检查与诊断技术、劣质材料结构修补技术、信息通信技术、机器人技术研发
防灾与减灾技术	最新观测分析技术、抗震模拟实验技术研发
新一代农林水产业技术	太阳能植物工厂开发、新一代功能性食品高效利用技术
新的生产技术设计	满足多样性需求的设计及生产制造方法、新构造或复杂形状、新功能发现及高质量、低成本生产制造技术研发

（二）日本新能源及产业技术综合研究开发机构

日本新能源及产业技术综合研究开发机构（NEDO）2014 年科技项目资助计划资助的 6 个重点领域：生物 3D 打印、细胞片积层、碳化硅据点型通用基础技术开发、氮化镓据点型通用基础技术开发、下一代电力电子应用相关的基础研发、支持未来电力电子发展的基础研发。

三、日本科技项目资助研究领域

通过综合分析日本科学振兴会资助的项目及战略性创新项目资助研究领域情况，遴选出日本目前正在开展的科学研究的重点领域为 19 个：有机分子催化剂、粒子和核-宇宙射线和空间物理学、生物医学工程与生物材料、天然产物化学生物学、环境动力学分析、电子设备和电子设备、电子和电气工程材料、高维数据驱动的科学、神经生理学、一般神经科学、兽药、原子层科学、结构与功能材料、物理化学、森林科学、光子学、智能力学和机械系统、新兴能源、生物 3D 打印。

第三节 日本科技战略规划重点领域

一、国家科技战略规划研究领域

（一）科学技术基本计划

日本为提升本国科技的世界领先地位，强化科技支撑新兴产业和提高国民生活质量的能力，进一步加强了科技政策与战略的调整。日本政府于 1995 年颁布了《科学技术基本法》，每五年推出一期新的科技基本计划。目前最新的科学技术基本计划为 2011 年发布的《第四期科学技术基本计划（2011—2015）》，列出了三方面重点计划，重点突出了科技创新引领日本灾后重建与复兴。

1. 灾后复兴计划

灾后复兴计划包括灾区产业振兴、社会基础设施建设、加快灾区安居，其研究领域如表 3-9 所示。

表 3-9 灾后复兴计划研究领域

重点任务	研究领域
灾区产业振兴	被污染土壤与水质等的调查与改良
	恢复海洋生态系统
	提升农林水产品安全性
社会基础设施建设	防灾基础设施和交通基础设施，如电力、燃气、上下水道、信息通信功能性、便利性和安全性等的研发
	公共设施的防灾功能，面向民间的网络设施

续表

重点任务	研究领域
加快灾区实现安居	地震、海啸等调查观测和灾区防灾减灾对策研究
	周边地区及全国辐射线监测
	基于心理学与精神医学的诊疗与研究

2. 绿色创新计划

通过绿色创新，在促进环境保护、能源技术进一步创新的同时，加快推动日本能源供给源多元化与分散化。绿色创新计划重点推出了能源供给的低碳化、能源利用的高效化与智能化、社会系统结构的绿色改造等系列重要研究，如表 3-10 所示。

表 3-10　绿色创新计划研究领域

重点任务	研究领域
能源供给的低碳化	再生能源战略性推进（太阳光、生物能、风力水力发电、地热能、潮汐能等）
	完善基础核心与分散型两用能源供给体系
	基础核心能源供应的高效化与低碳化（碳气混合发电、碳回收与储藏等）
能源利用的高效化与智能化	制造业领域内的节能技术
	民生（家庭、商业）与交通运输领域内的节能技术
	信息通信领域内的相关节能技术
社会系统结构的绿色改造	构建良好的都市环境，完善交通运输网络、电、气、下水道、污水处理等城市基本功能
	再生能源技术的革新（稀有金属、稀土等代替材料）
	强化地球观测、预测、整合解析技术，灵活运用观测数据和信息

3. 民生创新计划

民生创新计划认为，日本要实现国民身心健康、富足、生存充实的社会，须大力推进民生科技创新，尤其是要通过创新激活医疗、看护、健康服务等产业；同时，面向发展中国家的需求，通过药品、医疗器械的开发和推广，积极为国际做出贡献。为此，民生创新计划重点推出了发展全新的疾病预防措施和方法、早期诊断方法的研发、实现安全高效治疗的方式等重点研究，如表 3-11 所示。

表 3-11　民生创新计划研究领域

重点任务	研究领域
发展全新的疾病预防措施和方法	基于个人健康状况、习惯、环境等因素开发预防疾病的方法
	医疗信息的电子化、标准化与数据库化
	开发具有显著预防效果的疫苗
	预防认知障碍、延缓病情推进等工作的研发
早期诊断方法的研发	鉴定微量物质的新型检测方式、检测仪器等高精度早期诊断技术
	内视镜的肉眼观测、三元映像法等成像技术
	以上两者的有机结合
实现安全高效治疗的方式	通过动物疾病模型、iPS 疾病细胞模型等探索全新的药物，强化生命科学基础研究
	推进核酸、药物传输系统等治疗方式的研发
	医疗放射仪器、图像信息处理等技术
	再生医疗技术
提高高龄患者、残疾患者的生活质量	生活援助机器人、老年人辅助移动设备等医疗辅助与看护技术
	研发针对癌症晚期患者减轻精神和肉体上痛苦的医疗方式

4．亟须突破的五个方向

除了上述三大任务之外，基本计划还提出了未来日本亟须突破的五个方向，重点在信息通信、纳米科学与纳米技术等既有优势领域进行布局，并强调外太空、海洋探测等方面的创新突破，以保障国家安全，如表 3-12 所示。

表 3-12　亟须突破方向和研究领域

方向	研究领域
实现丰富与高质量的国民生活：确保食物、水、各种资源的安全供给；确保国民生活的安定，提高国民生活的便捷性；提高国民生活的丰富程度	转基因生物技术、新能源利用、垃圾循环处理等
	灾害观察与预测、环境污染与有害物质的风险评估、交通运输的体系化、延长寿命等
	开发具有显著预防效果的疫苗
	教育医疗福利等公共服务、创意文化、设计、内容产业等

续表

方向	研究领域
强化日本的产业竞争力：提高产业竞争力的基础技术强化；充分利用日本既有优势，发展新产业	先端材料、多功能电子设备、信息通信等基础技术，测量技术、精密加工、嵌入式系统等
	第二代交通网络、智能网络，高速互联网、高可靠云计算等
为温室效应等全球化问题	生态系统的调查观测、影响评价技术，新能源与替代资源的开发利用技术，病原体的预防诊断治疗技术等
维持国家发展的基础技术：保障国家安全，强化基础技术；构建开拓全新领域的科技基础	深海探测、信息获取、航空运输、卫星开发、高性能计算、信息安全等
	物质、生命、海洋、地球、宇宙等领域内的调研、解析与整合
充实和强化科学技术之间的共通互用性：强化跨学科领域的科学技术；强化通用的科技基础设备设施	活用量子科学技术的先端测量解析技术，仿真与 e-Science 等先进通信技术
	科技基础技术之间的广域研究，高度的整合化和利用推进

（二）创新 25 战略规划

2006 年 10 月，日本内阁特别顾问黑川清在时任首相安倍晋三的指导下，领导科学界和产业界的 6 位资深人士开始起草日本创新立国的政策路线图——《创新 25 战略》。2007 年 6 月 1 日，日本内阁正式审议通过了《创新 25 战略》，并付诸实施。日本内阁特别顾问黑川清在接受美国《科学》杂志记者采访时曾指出，《创新 25 战略》是日本政府的一个战略声明，政府的所有部门都必须遵循这一创新政策路线图。这项新战略首先设想今后 20 年，日本将面临三大挑战：人口急剧老龄化，婴儿出生率迅速下降；知识社会、信息化社会和全球化加速发展，知识和智力竞争将成为国际竞争主流；环境恶化、气候异常、能源短缺、传染病蔓延等威胁地球，可持续发展的课题增加。

该战略指出，日本政府希望通过创新，到 2025 年把日本建成终身健康的社会、安全放心的社会、人生丰富多彩的社会、为解决世界性难题做出贡献的社会和向世界开放的社会，其中涉及的研究领域如表 3-13 所示。

表 3-13 《创新 25 战略》计划研究领域

目标	研究领域
终身健康的社会	预防医疗、再生医疗技术、高级看护机器人、痴呆症特效药
安全放心的社会	先进的地震、海啸等自然灾害预测技术、灾害信息网络
人生丰富多彩的社会	人工智能机器人
为解决世界性难题做出贡献的社会	先进节能技术
向世界开放的社会	虚拟现实技术

日本长期战略方针《创新 25 战略》制定了日本未来 20 年的发展目标，该战略选择以科技创新为主要驱动力，从社会系统改革战略和技术革新战略两条途径提出了一系列的政策措施。其中技术革新战略推进不同领域的战略性研发。“技术革新战略路线图”主要包括四个方面的内容：①大力实施技术创新项目，加快还原于社会。实施灾害信息通信系统、高速道路交通系统和家庭医疗看护等实证项目。②推进不同领域的战略性研发。根据 2006 年 3 月综合科学技术会议颁布的《不同领域的推进战略》，有选择地、集中地实施研发。制定生命科学、纳米科学与纳米技术等重点领域的研发路线图，从战略上推进研发。③推进富有挑战性的基础研究。④强化进行创新的研发体制。重点投资的研究领域包括：纳米科学与纳米技术、新能源开发、生命科学研究、通信基础设施，加强交叉学科和前沿学科的资助，并注意在自然科学研究过程中重视社会科学研究。其计划重点资助的研究领域如表 3-14 所示。

表 3-14 技术革新战略路线图计划重点资助的研究领域

学科	研究领域
生命科学	改进癌症治疗技术，提高传染病防治技术
通信	世界各国信息交流泛在网络
环境	利用卫星检测全球 CO_2 排放量
材料与纳米科学与纳米技术	先进的纳米生物科技与医疗技术
能源	太阳能发电的技术改进与降低成本，生物能，地热，太阳光，风力资源

续表

学科	研究领域
生产技术	生产阶段的新技术
基础设施	适应社会需求的交通和运输系统，高科技道路交通系统（ITS），新型汽车（超小型汽车），高科技跟踪技术（GPS卫星定位技术）
新领域	提高人造卫星的可靠性与功能

二、主要机构战略规划研究领域

日本一些机构的规划中也反映了日本将要发展的重点领域，机构战略规划研究领域如表3-15所示。

表3-15　机构战略规划研究领域

领域	关键词	规划来源	发布者
能源	甲烷水合物	合作备忘录	日本石油天然气金属矿产资源机构
	光伏发电	光伏发电开发战略	日本产业技术综合开发机构
	高效低碳发电，低阶煤利用，减少对环境的影响	煤炭技术路线图	日本煤炭能源中心
	光伏发电	迎接大量导入光伏发电时代的到来	日本新能源产业技术综合开发机构（NEDO）
	氢能，燃料电池	氢能和燃料电池战略路线图	日本经济产业省（METI）
	抑制风力发电输出功率剧烈变动	“电网输出变动应对技术研究开发业务”	日本新能源产业技术综合开发机构
信息和通信技术	电力应用，系统与控制，电子设备，信息通信，照明，图像信息媒介，光电技术，医疗信息电子	2014年理工科科学梦想路线图	日本学术会议
	可穿戴设备，智能手表，智能眼镜	IT路线图	日本野村综合研究所（NRI）
综合	能源，新一代社会基础，地区资源，健康医疗	“2015年科技预算资源分配方针”	日本综合科学技术与创新会议

三、日本科技战略规划重点领域

综合分析日本《科学技术基本计划》《创新25战略》、主要机构战略规划，梳理出日本将要重点发展的领域包括：再生能源、节能、疾病预防与诊断、癌症治疗技术、传染病防治技术、医疗信息电子、材料与纳米科学与纳米技术、转基因生物技术、高性能计算、人工智能、可穿戴设备、灾害监测、基础设施建设等。

第四节 日本科技发展遴选重点领域

将综合分析 2010—2014 年日本的 SCI 论文研究重点领域、2014 年科技项目资助重点领域，以及科技战略规划重点领域得到的重点领域，按照遴选指标的权重进行计算，基于分值的高低，遴选出日本科技发展的 Top10 重点领域如表 3-16 所示。

表 3-16 日本科技发展的 Top10 重点领域

单位：分

一级指标	学科（25%）			科研资助（35%）		产业社会（40%）		合计
二级指标	学科规模（10%）	影响力（12.5%）	专家判断（2.5%）	项目数（15%）	经费（20%）	当前（25%）	预测（15%）	
生物医学工程与生物材料	5	9	2	15	20	25	15	91
肿瘤预防与治疗	9	10	2	15	15	25	15	91
节能技术	2	6	2.5	10	15	25	15	75.5
绿色可再生能源	2	6	2.5	10	15	25	15	75.5
转基因生物技术	8	12	2	12	15	15	10	74
纳米材料与纳米科学与纳米技术	5	9	2	10	15	20	10	71
电子、电气工程材料、设备	5	9	2	5	10	25	15	71
灾害预测技术	1	10	2	3	8	20	15	59
信息通信技术	4	10	2	5	10	15	10	56
人工智能与机器人	1	5	2.5	5	10	20	10	53.5

（1）生物医学工程与生物材料：综合生物学、医学、工程学、材料学的交叉科学，运用工程技术手段，研究与解决生物学医学有关的问题。

（2）肿瘤预防与治疗：改进癌症治疗技术，研发针对癌症晚期患者减轻精神和肉体上痛苦的医疗方式。

（3）节能技术：能源利用的高效化与智能化，节能家电，制造业领域内的节能技术，民生（家庭、商业）与交通运输领域内的节能技术，信息通信领域内的相关节能技术。

（4）绿色可再生能源：能源供给的低碳化，利用太阳光、生物能、风力水力发电、地热能、潮汐能、核能利用、生物燃料等技术。

（5）转基因生物技术：基因组医学，外延基因组动态及其控制生殖细胞，系统基因组学，支持基因组非编码 DNA 区域的功能。

（6）纳米材料与纳米科学与纳米技术：先进的纳米生物科技与医疗技术。

（7）电子、电气工程材料、设备：下一代电力电子应用相关的基础研发，支持未来电力电子发展的基础研发，先端材料、多功能电子设备仿真与电子科学等先进通信技术、电子设备、医疗信息电子。

（8）灾害预测技术：灾害观察与预测、环境污染与有害物质的风险评估，先进的地震、海啸等自然灾害预测技术、灾害信息网络；灾害信息通信系统。

（9）信息通信技术：信息通信功能性、便利性和安全性等的研发，信息通信等基础技术，灾害信息通信系统，世界各国的信息交流。

（10）人工智能与机器人：先进的智能诊断和治疗，并计算解剖多元化基于医学图像；智能车辆系统技术，自动驾驶系统开发与验证、可视化监测 CO_2 排放、微型技术与模拟实验技术开发；智能网络；智能机器人；智能手表；智能眼镜。

第四章
Chapter 4

英国重点领域分析与遴选

第一节 英国科技论文研究重点领域

通过检索英国近五年来被SCI收录的发文，对比发文的Web of Science 类别的年度分布情况，分析英国在过去五年中从事科学研究的重点领域。

一、2010 年论文研究领域

英国 2010 年被 SCI 收录的发文总数为 112457 篇，主要研究领域为生物化学-分子生物学、外科、神经科学、普通内科医学、肿瘤学、药理学、临床神经病学、免疫学、精神病学、遗传学等，论文篇数都在 3000 篇以上，其中生物化学-分子生物学达到了 5004 篇。英国 2010 年 SCI 论文 Top50 研究领域如表 4-1 所示。

表 4-1 英国 2010 年 SCI 论文 Top50 研究领域

排名	学科领域	论文数量（篇）	百分比(%)
1	生物化学-分子生物学（Biochemistry Molecular Biology）	5004	4.45
2	外科（Surgery）	4679	4.16
3	神经科学（Neurosciences）	4660	4.14
4	普通内科医学（Medicine General Internal）	4453	3.96
5	肿瘤学（Oncology）	4377	3.89
6	药理学（Pharmacology Pharmacy）	3747	3.33
7	临床神经病学（Clinical Neurology）	3646	3.24
8	免疫学（Immunology）	3258	2.90
9	精神病学（Psychiatry）	3126	2.78
10	遗传学（Genetics Heredity）	3009	2.68
11	天文天体物理学（Astronomy Astrophysics）	2879	2.56
12	细胞生物学（Cell Biology）	2865	2.55

续表

排名	学科领域	论文数量（篇）	百分比(%)
13	材料科学多学科（Materials Science Multidisciplinary）	2646	2.35
14	心脏心血管系统（Cardiac Cardiovascular Systems）	2625	2.33
15	综合性学科（Multidisciplinary Sciences）	2609	2.32
16	血液学（Hematology）	2515	2.24
17	化学多学科（Chemistry Multidisciplinary）	2511	2.23
18	代谢内分泌学（Endocrinology Metabolism）	2458	2.19
19	物理化学（Chemistry Physical）	2319	2.06
20	电气电子工程（Engineering Electrical Electronic）	2268	2.02
21	环境科学（Environmental Sciences）	2164	1.92
22	传染病（Infectious Diseases）	2159	1.92
23	儿科（Pediatrics）	2127	1.89
24	应用物理（Physics Applied）	2020	1.80
25	地球科学多学科（Geosciences Multidisciplinary）	1971	1.75
26	生态学（Ecology）	1882	1.67
27	肝病、胃肠病（Gastroenterology Hepatology）	1876	1.67
28	呼吸系统（Respiratory System）	1813	1.61
29	生物技术-应用微生物（Biotechnology Applied Microbiology）	1761	1.57
30	妇产科（Obstetrics Gynecology）	1695	1.51
31	外周血管疾病（Peripheral Vascular Disease）	1657	1.47
32	微生物学（Microbiology）	1619	1.44
33	核放射医学影像（Radiology Nuclear Medicine Medical Imaging）	1599	1.42
34	兽医学（Veterinary Sciences）	1579	1.40
35	保健科学服务（Health Care Sciences Services）	1494	1.33
36	医学实验研究（Medicine Research Experimental）	1483	1.32
37	物理凝聚态（Physics Condensed Matter）	1460	1.30
38	泌尿肾脏病（Urology Nephrology）	1400	1.25
39	物理多学科（Physics Multidisciplinary）	1368	1.22
40	生物物理学（Biophysics）	1310	1.17
41	病理学（Pathology）	1307	1.16
42	生物化学研究方法（Biochemical Research Methods）	1290	1.15

续表

排名	学科领域	论文数量（篇）	百分比(%)
43	皮肤病学（Dermatology）	1273	1.13
44	风湿病学（Rheumatology）	1249	1.11
45	光学（Optics）	1213	1.08
46	生物学（Biology）	1162	1.03
47	有机化学（Chemistry Organic）	1159	1.03
48	植物学（Plant Sciences）	1151	1.02
49	心理学（Psychology）	1113	0.99

二、2011 年论文研究领域

英国 2011 年被 SCI 收录的发文总数为 117431 篇，主要研究领域为外科、生物化学-分子生物学、神经科学、肿瘤学、普通内科医学、临床神经病学、药理学、多学科科学、精神病学、免疫学等，论文篇数都在 3000 篇以上。英国 2011 年 SCI 论文 Top50 研究领域如表 4-2 所示。

表 4-2 英国 2011 年 SCI 论文 Top50 研究领域

排名	学科领域	论文数量（篇）	百分比(%)
1	外科（Surgery）	4914	4.19
2	生物化学-分子生物学（Biology）	4822	4.11
3	神经科学（Neurosciences）	4663	3.97
4	肿瘤学（Oncology）	4294	3.66
5	普通内科医学（Medicine General Internal）	4277	3.64
6	临床神经病学（Clinical Neurology）	3560	3.03
7	药理学（Pharmacology Pharmacy）	3508	2.99
8	多学科科学（Multidisciplinary Sciences）	3356	2.86
9	精神病学（Psychiatry）	3189	2.72
10	免疫学（Immunology）	3107	2.65
11	天文天体物理学（Astronomy Astrophysics）	3054	2.60
12	公共环境职业健康（Public Environmental Occupational Health）	2980	2.54

续表

排名	学科领域	论文数量（篇）	百分比(%)
13	材料科学多学科（Materials Science Multidisciplinary）	2948	2.51
14	心脏心血管系统（Cardiac Cardiovascular Systems）	2873	2.45
15	细胞生物学（Cell Biology）	2843	2.42
16	化学多学科（Chemistry Multidisciplinary）	2822	2.40
17	遗传学（Genetics Heredity）	2687	2.29
18	物理化学（Chemistry Physical）	2427	2.07
19	传染病学（Infectious Diseases）	2390	2.04
20	环境科学（Environmental Sciences）	2343	2.00
21	血液学（Hematology）	2318	1.97
22	电气电子工程（Engineering Electrical Electronic）	2313	1.97
23	代谢内分泌学（Endocrinology Metabolism）	2121	1.81
24	应用物理（Physics Applied）	2070	1.76
25	生态学（Ecology）	2039	1.74
26	呼吸系统（Respiratory System）	2032	1.73
27	肝病、胃肠病（Gastroenterology Hepatology）	1986	1.69
28	儿科（Pediatrics）	1928	1.64
29	地球科学多学科（Geosciences Multidisciplinary）	1874	1.60
30	外周血管疾病（Peripheral Vascular Disease）	1852	1.58
31	保健科学服务（Health Care Sciences Services）	1818	1.55
32	妇产科学（Obstetrics Gynecology）	1811	1.54
33	生物技术-应用微生物（Biotechnology Applied Microbiology）	1729	1.47
34	微生物学（Microbiology）	1717	1.46
35	放射核医学影像（Radiology Nuclear Medicine Medical Imaging）	1715	1.46
36	兽医学（Veterinary Sciences）	1590	1.35
37	泌尿肾脏病（Urology Nephrology）	1573	1.34
38	物理多学科（Physics Multidisciplinary）	1537	1.31
39	医学实验研究（Medicine Research Experimental）	1501	1.28
40	生物化学研究方法（Biochemical Research Methods）	1412	1.20
41	生物学（Biology）	1361	1.16
42	凝聚态物理（Physics Condensed Matter）	1353	1.15
43	光学（Optics）	1334	1.14

续表

排名	学科领域	论文数量（篇）	百分比(%)
44	皮肤病学（Dermatology）	1328	1.13
45	营养学（Nutrition）	1287	1.10
46	植物学（Plant Sciences）	1269	1.08
47	心理学（Psychology）	1231	1.05
48	病理学（Pathology）	1230	1.05
49	风湿病学（Rheumatology）	1226	1.04
50	粒子场物理（Physics Particles Fields）	1199	1.02

三、2012 年论文研究领域

英国 2012 年被 SCI 收录的发文总数为 122749 篇，主要研究领域为普通内科医学、外科、神经科学、生物化学-分子生物学、肿瘤学、多学科科学、临床神经病学、药理学、免疫学、天文天体物理学、精神病学等，论文篇数都在 3000 篇以上，其中普通内科医学达到了 5071 篇。英国 2012 年 SCI 论文 Top50 研究领域如表 4-3 所示。

表 4-3 英国 2012 年 SCI 论文 Top50 研究领域

排名	学科领域	论文数量（篇）	百分比(%)
1	普通内科医学（Medicine General Internal）	5071	4.13
2	外科（Surgery）	4980	4.06
3	神经科学（Neurosciences）	4792	3.90
4	生物化学-分子生物学（Biology）	4700	3.83
5	肿瘤学（Oncology）	4655	3.79
6	多学科科学（Multidisciplinary Sciences）	4527	3.69
7	临床神经病学（Clinical Neurology）	4219	3.44
8	药理学（Pharmacology Pharmacy）	3421	2.79
9	免疫学（Immunology）	3389	2.76
10	天文天体物理学（Astronomy Astrophysics）	3114	2.54
11	精神病学（Psychiatry）	3114	2.54

续表

排名	学科领域	论文数量（篇）	百分比(%)
12	心脏心血管系统（Cardiac Cardiovascular Systems）	3087	2.52
13	细胞生物学（Cell Biology）	3077	2.51
14	遗传学（Genetics Heredity）	3051	2.49
15	化学多学科（Chemistry Multidisciplinary）	3031	2.47
16	材料科学多学科（Materials Science Multidisciplinary）	3028	2.47
17	公共环境职业健康（Public Environmental Occupational Health）	2722	2.22
18	肝病、胃肠病（Gastroenterology Hepatology）	2550	2.08
19	电气电子工程（Engineering Electrical Electronic）	2508	2.04
20	环境科学（Environmental Sciences）	2499	2.04
21	代谢内分泌学（Endocrinology Metabolism）	2391	1.95
22	传染病学（Infectious Diseases）	2379	1.94
23	物理化学（Chemistry Physical）	2295	1.87
24	血液学（Hematology）	2277	1.86
25	应用物理（Physics Applied）	2211	1.80
26	生态学（Ecology）	2079	1.69
27	妇产科学（Obstetrics Gynecology）	1993	1.62
28	地球科学多学科（Geosciences Multidisciplinary）	1991	1.62
29	保健科学服务（Health Care Sciences Services）	1979	1.61
30	呼吸系统（Respiratory System）	1960	1.60
31	放射核医学影像（Radiology Nuclear Medicine Medical Imaging）	1896	1.55
32	外周血管疾病（Peripheral Vascular Disease）	1760	1.43
33	生物技术-应用微生物（Biotechnology Applied Microbiology）	1748	1.42
34	风湿病学（Rheumatology）	1747	1.42
35	儿科（Pediatrics）	1742	1.42
36	物理多学科（Physics Multidisciplinary）	1697	1.38
37	泌尿肾脏病（Urology Nephrology）	1686	1.37
38	兽医学（Veterinary Sciences）	1674	1.36
39	微生物学（Microbiology）	1641	1.34
40	医学实验研究（Medicine Research Experimental）	1622	1.32
41	皮肤病学（Dermatology）	1420	1.16
42	凝聚态物理（Physics Condensed Matter）	1382	1.13

续表

排名	学科领域	论文数量（篇）	百分比(%)
43	心理学（Psychology）	1345	1.10
44	生物化学研究方法（Biochemical Research Methods）	1322	1.08
45	病理学（Pathology）	1310	1.07
46	生物学（Biology）	1309	1.07
47	气象学大气科学（Meteorology Atmospheric Sciences）	1307	1.07
48	光学（Optics）	1274	1.04
49	植物学（Plant Sciences）	1240	1.01
50	粒子场物理（Physics Particles Fields）	1230	1.00

四、2013 年论文研究领域

英国 2013 年被 SCI 收录的发文总数为 128174 篇，主要研究领域为多学科科学、普通内科医学、外科、肿瘤学、生物化学-分子生物学、神经科学、临床神经病学、免疫学、材料科学多学科、心脏心血管系统等，论文篇数都在 3000 篇以上，其中多学科科学、普通内科医学、外科三个研究领域的论文超过了 5000 篇。英国 2013 年 SCI 论文研究领域 Top50 如表 4-4 所示。

表 4-4 英国 2013 年 SCI 论文 Top50 研究领域

排名	学科领域	论文数量(篇)	百分比 (%)
1	多学科科学（Multidisciplinary Sciences）	5468	4.27
2	普通内科医学（Medicine General Internal）	5337	4.16
3	外科（Surgery）	5144	4.01
4	肿瘤学（Oncology）	4867	3.80
5	生物化学-分子生物学（Biology）	4533	3.54
6	神经科学（Neurosciences）	4453	3.47
7	临床神经病学（Clinical Neurology）	3951	3.08
8	免疫学（Immunology）	3263	2.55
9	材料科学多学科（Materials Science Multidisciplinary）	3221	2.51
10	心脏心血管系统（Cardiac Cardiovascular Systems）	3181	2.48

续表

排名	学科领域	论文数量（篇）	百分比（%）
11	妇产科学（Obstetrics Gynecology）	3118	2.43
12	药理学（Pharmacology Pharmacy）	3114	2.43
13	天文天体物理学（Astronomy Astrophysics）	3089	2.41
14	代谢内分泌学（Endocrinology Metabolism）	2981	2.33
15	化学多学科（Chemistry Multidisciplinary）	2902	2.26
16	精神病学（Psychiatry）	2874	2.24
17	细胞生物学（Cell Biology）	2865	2.24
18	遗传学（Genetics Heredity）	2667	2.08
19	公共环境职业健康（Public Environmental Occupational Health）	2599	2.03
20	环境科学（Environmental Sciences）	2574	2.01
21	物理化学（Chemistry Physical）	2456	1.92
22	外周血管疾病（Peripheral Vascular Disease）	2441	1.90
23	电气电子工程（Engineering Electrical Electronic）	2439	1.90
24	血液学（Hematology）	2344	1.83
25	应用物理（Physics Applied）	2263	1.77
26	地球科学多学科（Geosciences Multidisciplinary）	2242	1.75
27	保健科学服务（Health Care Sciences Services）	2207	1.72
28	生态学（Ecology）	2116	1.65
29	传染病（Infectious Diseases）	2023	1.58
30	肝病、胃肠病（Gastroenterology Hepatology）	1931	1.51
31	呼吸系统（Respiratory System）	1838	1.43
32	医学实验研究（Medicine Research Experimental）	1798	1.40
33	生物技术-应用微生物（Biotechnology Applied Microbiology）	1793	1.40
34	儿科（Pediatrics）	1731	1.35
35	风湿病学（Rheumatology）	1704	1.33
36	放射核医学影像（Radiology Nuclear Medicine Medical Imaging）	1681	1.31
37	兽医学（Veterinary Sciences）	1614	1.26
38	物理多学科（Physics Multidisciplinary）	1584	1.24
39	心理学（Psychology）	1578	1.23
40	皮肤病学（Dermatology）	1531	1.19
41	微生物学（Microbiology）	1519	1.19

续表

排名	学科领域	论文数量（篇）	百分比（%）
42	营养学（Nutrition）	1429	1.12
43	能源燃料（Energy Fuels）	1375	1.07
44	泌尿肾脏病（Urology Nephrology）	1343	1.05
45	光学（Optics）	1315	1.03
46	纳米科学与纳米技术（Nanoscience Nanotechnology）	1314	1.03
47	生物学（Biology）	1306	1.02
48	气象学大气科学（Meteorology Atmospheric Sciences）	1306	1.02
49	生物化学研究方法（Biochemical Research Methods）	1279	1.00
50	粒子场物理（Physics Particles Fields）	1267	0.99

五、2014 年论文研究领域

英国 2014 年被 SCI 收录的发文总数为 110972 篇，主要研究领域为多学科科学、外科、普通内科医学、神经科学、生物学、肿瘤学、临床神经病学、免疫学、材料科学多学科、天文天体物理学等。英国 2014 年 SCI 论文 Top50 研究领域如表 4-5 所示。

表 4-5 英国 2014 年 SCI 论文 Top50 研究领域

排名	学科领域	论文数量（篇）	百分比（%）
1	多学科科学（Multidisciplinary Sciences）	4748	4.28
2	外科（Surgery）	4411	3.98
3	普通内科医学（Medicine General Internal）	4259	3.84
4	神经科学（Neurosciences）	3944	3.55
5	生物学（Biology）	3921	3.53
6	肿瘤学（Oncology）	3568	3.22
7	临床神经病学（Clinical Neurology）	3329	3.00
8	免疫学（Immunology）	3083	2.78
9	材料科学多学科（Materials Science Multidisciplinary）	2912	2.62
10	天文天体物理学（Astronomy Astrophysics）	2838	2.56

续表

排名	学科领域	论文数量（篇）	百分比（%）
11	精神病学（Psychiatry）	2757	2.48
12	药理学（Pharmacology Pharmacy）	2641	2.38
13	细胞生物学（Cell Biology）	2514	2.27
14	环境科学（Environmental Sciences）	2513	2.27
15	化学多学科（Chemistry Multidisciplinary）	2491	2.25
16	心脏心血管系统（Cardiac Cardiovascular Systems）	2482	2.24
17	物理化学（Chemistry Physical）	2346	2.11
18	公共环境职业健康（Public Environmental Occupational Health）	2314	2.09
19	电气电子工程（Engineering Electrical Electronic）	2272	2.05
20	遗传学（Genetics Heredity）	2193	1.98
21	传染病（Infectious Diseases）	2172	1.96
22	应用物理（Physics Applied）	2140	1.93
23	代谢内分泌学（Endocrinology Metabolism）	2114	1.91
24	妇产科学（Obstetrics Gynecology）	2035	1.83
25	生态学（Ecology）	1946	1.75
26	地球科学多学科（Geosciences Multidisciplinary）	1936	1.75
27	血液学（Hematology）	1773	1.60
28	生物技术-应用微生物（Biotechnology Applied Microbiology）	1712	1.54
29	儿科（Pediatrics）	1610	1.45
30	呼吸系统（Respiratory System）	1584	1.43
31	医学实验研究（Medicine Research Experimental）	1575	1.42
32	放射核医学影像（Radiology Nuclear Medicine Medical Imaging）	1502	1.35
33	保健科学服务（Health Care Sciences Services）	1461	1.32
34	皮肤病学（Dermatology）	1396	1.26
35	物理多学科（Physics Multidisciplinary）	1388	1.25
36	微生物学（Microbiology）	1387	1.25
37	外周血管疾病（Peripheral Vascular Disease）	1382	1.25
38	肝病、胃肠病（Gastroenterology Hepatology）	1379	1.24
39	泌尿肾脏病（Urology Nephrology）	1356	1.22
40	能源燃料（Energy Fuels）	1299	1.17
41	兽医学（Veterinary Sciences）	1272	1.15

续表

排名	学科领域	论文数量（篇）	百分比（%）
42	心理学（Psychology）	1226	1.11
43	光学（Optics）	1196	1.08
44	生物学（Biology）	1189	1.07
45	纳米科学与纳米技术（Nanoscience Nanotechnology）	1170	1.05
46	生物化学研究方法（Biochemical Research Methods）	1154	1.04
47	凝聚态物理（Physics Condensed Matter）	1151	1.04
48	数学（Mathematics）	1147	1.03
49	力学（Mechanics）	1141	1.03
50	气象学大气科学（Meteorology Atmospheric Sciences）	1132	1.02

六、2010—2014 年论文研究重点领域

2010—2014 年，英国被 SCI 收录的发文总数为 591783 篇，主要研究领域为外科、普通内科医学、生物化学-分子生物学、神经科学、肿瘤学、多学科科学、临床神经病学、药理学、免疫学、临床精神病学等。其中 2014 年的论文总数为 110972 篇，2013 年为 128174 篇，2012 年为 122749 篇，2011 年为 117431 篇，2010 年为 112457 篇。英国 2010—2014 年 SCI 论文 Top50 研究领域如表 4-6 所示。

表 4-6　英国 2010—2014 年 SCI 论文 Top50 研究领域

序号	Web of Science 分类	发文数量（篇）	百分比（%）
1	材料科学多学科（Materials Science Multidisciplinary）	25784	9.741
2	应用物理（Physics Applied）	21226	8.019
3	化学多学科（Chemistry Multidisciplinary）	18369	6.94
4	电气电子工程（Engineering Electrical Electronic）	16235	6.133
5	生物化学-分子生物学（Biochemistry Molecular Biology）	12166	4.596
6	纳米科学与纳米技术（Nanoscience Nanotechnology）	11663	4.406
7	物理化学（Chemistry Physical）	11498	4.344
8	凝聚态物理（Physics Condensed Matter）	9694	3.662

续表

序号	Web of Science 分类	发文数量（篇）	百分比（%）
9	肿瘤学（Oncology）	9545	3.606
10	外科（Surgery）	9532	3.601
11	药理学（Pharmacology Pharmacy）	8567	3.237
12	生物技术-应用微生物（Biotechnology Applied Microbiology）	7220	2.728
13	临床神经病学（Clinical Neurology）	7193	2.717
14	细胞生物学（Cell Biology）	6211	2.346
15	通信（Telecommunications）	6041	2.282
16	工程化学（Engineering Chemical）	5848	2.209
17	肝病、胃肠病（Gastroenterology Hepatology）	5704	2.155
18	食品科学技术（Food Science Technology）	5686	2.148
19	心脏心血管系统（Cardiac Cardiovascular Systems）	5469	2.066
20	物理多学科（Physics Multidisciplinary）	5385	2.034
21	机械工程（Engineering Mechanical）	5280	1.995
22	光学（Optics）	5198	1.964
23	神经科学（Neurosciences）	5198	1.964
24	核放射医学影像（Radiology Nuclear Medicine Medical Imaging）	5143	1.943
25	高分子科学（Polymer Science）	5018	1.896
26	燃料（Energy Fuels）	4811	1.818
27	电化学（Electrochemistry）	4635	1.751
28	环境科学（Environmental Sciences）	4571	1.727
29	免疫学（Immunology）	4563	1.724
30	冶金矿冶工程（Metallurgy Metallurgical Engineering）	4485	1.694
31	药用化学（Chemistry Medicinal）	4261	1.61
32	微生物学（Microbiology）	4225	1.596
33	普通内科医学（Medicine General Internal）	4107	1.552
34	多学科（Multidisciplinary Sciences）	3891	1.47
35	计算机科学-信息系统（Computer Science Information Systems）	3853	1.456
36	植物学（Plant Sciences）	3767	1.423
37	分析化学（Chemistry Analytical）	3673	1.388
38	皮肤病学（Dermatology）	3623	1.369

续表

序号	Web of Science 分类	发文数量（篇）	百分比（%）
39	应用数学（Mathematics Applied）	3522	1.331
40	数学（Mathematics）	3506	1.325
41	医学实验研究（Medicine Research Experimental）	3466	1.309
42	仪器仪表（Instruments Instrumentation）	3374	1.275
43	生物物理学（Biophysics）	3265	1.233
44	土木工程（Engineering Civil）	3231	1.221
45	有机化学（Chemistry Organic）	2858	1.08
46	代谢内分泌学（Endocrinology Metabolism）	2745	1.037
47	泌尿肾脏病（Urology Nephrology）	2729	1.031
48	生物化学研究方法（Biochemical Research Methods）	2715	1.026
49	天文天体物理学（Astronomy Astrophysics）	2686	1.015
50	力学（Mechanics）	2656	1.003

选择英国 2010—2014 年每年发文数 Top20 的研究领域，对其赋权重，赋权方法为：发文数 Top1 的研究领域被认为是最为重点发展的领域，赋权为 20；Top2 的研究领域赋权为 19，依此类推，Top20 的研究领域赋权为 1。筛选近五年总体发文数排在前 20 名及每年发文数排在前 20 名的学科领域共 25 个。

图 4-1 所示为英国 2010—2014 年 SCI 论文 Top20 的重点领域权重变化。可以看出，从 2010 年到 2014 年，SCI 论文的重点领域变化不大。相对 2010 年，2011 年 Top20 的重点研究领域增加了环境科学和传染病学，少了内分泌学和血液学。到了 2012 年，肝病、胃肠病和电气电子工程进入了 Top20。2013 年妇产科进入了 Top20，到了 2014 年，物理化学成了新的 Top20 的研究领域。综合性学科是近两年论文数量排名第 1 的研究领域。从图 4-1 可以看出，外科、普通内科医学、生物化学-分子生物学、神经科学、肿瘤学、综合性科学、临床神经病学、药理学、免疫学、精神病学、天文天体物理学、材料科学多学科、心脏心血管系统、细胞生物学、化学多学科、遗传学、公共环境职业健康、环境科学、代谢内分泌学、物理化学是英国近 5 年的重点学科。因此，

需要重点关注近两年论文数量最多的综合性学科和外科，以及新出现的妇产科、电气电子工程等学科。

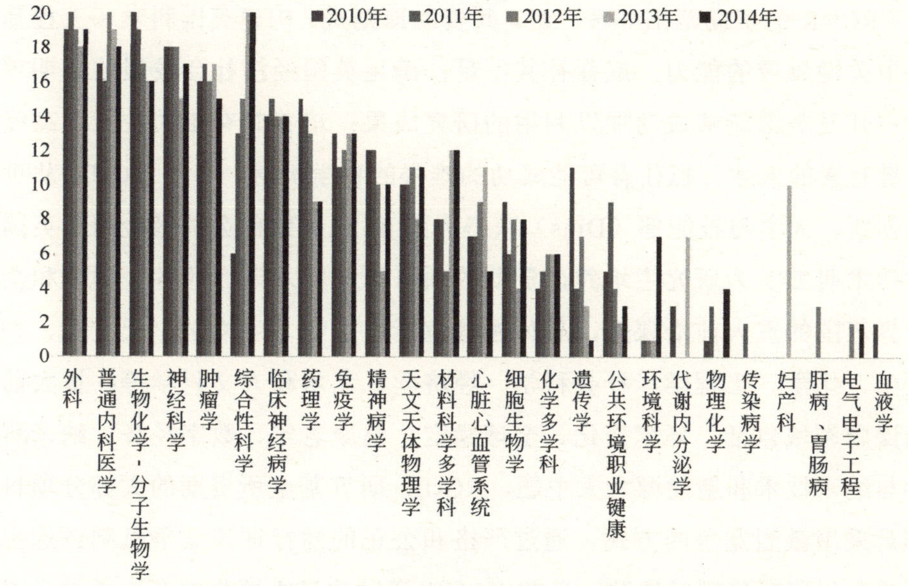

图 4-1 英国 2010—2014 年 SCI 论文 Top20 的重点领域权重变化

（本图彩图请参见本书最后插图）

第二节 英国科技项目资助重点领域

一、英国研究理事会项目资助研究领域

英国科研资助体系主要来自两个公共基金：大学拨款委员会（Hefce）为大学提供基金，维持基本的科研基础设施和科研能力及教学经费；英国研究理事会（Research Councils UK，RCUK）通过运用透明的同行评议竞争机制为大学和其他研究机构提供研究经费。

RCUK 是英国政府重要的资助与研究机构，这是一个协调机构，跨理事会的共同问题可以被系统化地解决，其中包括科研经费处理系统、研究评估与影响、研究人员培训和发展、知识交流、国际合作和科技社会等。

RCUK 的资助范围非常广泛，其资助原则是：构建英国科学和工程基础中关键领域的能力，或弥补其不足；满足英国经济社会发展的长期需求；开发英国能够成功加以利用的研究成果；培养具有相关技能、高度训练有素的人才；抓住有可能成功的难得的科学机遇。每年 RCUK 从英国创新、大学与技能部（Dius）获得大约 35 亿英镑的公共基金用于英国的学术研究及为研究生培养，资助的项目涉及学术研究的各个领域和全世界范围的重大前沿课题，具体领域包括：医学、生物学、天文学、物理学、化学、工程学、社会科学、经济学、艺术和人文科学等；重大前沿课题领域包括：环境变化、全球稳定、健康老年、数字经济、纳米科学与纳米技术和新能源六大主题。RCUK 研究基金所资助的大部分项目都是采用激烈竞争的方式，通过严格和公正的同行评议竞争机制评选出最优秀科研项目进行资助。目前 RCUK 资助项目主要集中在大型跨学科的项目上，目标是发展新领域的领先科学研究，如纳米科学、系统生物学或电子科学；或解决需要许多不同科学领域投入的重大问题，如气候变化、传染病、环境可持续发展和减少贫困[1]。

RCUK 旗下共有 7 个研究理事会，RCUK 协助和支持 7 个研究理事会的科研和联络工作。英国科学界一直遵循所谓“霍尔丹原则”，即资助研究项目的决定权最好由研究者掌握。因此，英国的 7 个研究理事会成了政府的“延伸”，是由皇家宪章建立的独立法人实体，被列为“非政府部门的公共机构”。研究理事会拥有独立的政策制定、经费使用和管理权，政府只负责为研究理事会制定宏观发展战略。各研究理事会按研究领域和方向确定各自的研究发展项目和计划，政府不干预研究理事会的日常工作。研究理事会需要向英国议会负责，负责科学与技术的国会特选委员会定期组织对研究理事会各方面运作进行监督。

1 http://www.rcuk.ac.uk/。

RCUK 下属的每个研究理事会负责一个专门的研究领域，分别是：艺术与人文科学研究理事会（AHRC）、生物技术与生物科学研究理事会（BBSRC）、工程与自然科学研究理事会（EPSRC）、经济与社会科学研究理事会（ESRC）、医学研究理事会（MRC）、自然环境研究理事会（NERC）、科学与技术设施理事会（STFC）。

RCUK 资助的研究项目申请大部分来自英国的大学。BBSRC、MRC 和 NERC 三个理事会主要负责运作和提供研究资金给研究院所，这些院所需要长期稳定的资源和科研基础设施。其研究人员也可以与大学或独立研究机构一起竞争研究项目。每一个研究理事会各有一定的运作机制，以适应它所在研究领域的需要。

本节主要分析工程与自然科学研究理事会（EPSRC）、生物技术与生物科学研究理事会（BBSRC）、医学研究理事会（MRC）、自然环境研究理事会（NERC）在 2014 年资助项目所分布的研究领域。

（一）英国 EPSRC 项目资助研究领域

英国 EPSRC 理事会成立于 1994 年，之前是科学与工程研究理事会（SERC）的一部分。EPSRC 主要资助工程与自然学科（包括数学、人工智能和计算机科学）领域的研究项目和博士生培养 [1]。

表 4-7 所示为英国 EPSRC 2014 年项目资助研究领域和资助经费情况 [2]。可以看出，EPSRC 2014 年资助的项目研究领域共分为 140 个（除人文社科艺术等学科），项目数量不少于 20 个的 30 个研究领域，资助经费不低于 10000000 英镑的有 64 个研究领域。其中资助经费高于 30000000 英镑的项目分布的研究领域为材料合成与成长、材料表征、医学仪器设备及装备、制造机械及工厂、人工智能、信息与知识管理、人机交互、材料加工、机器人与自动化、生物材料、分析科学、能源效率、可持续能源网络、数值分析、光器件和子

1 https://www.epsrc.ac.uk/。
2 http://gow.epsrc.ac.uk/。

系统、电子器件及子系统、网络与分布式系统、连续介质力学、化学合成方法、量子光学与信息等，其中材料合成与成长这个研究领域项目数量为 101 个，资助经费为 161979900 英镑，项目数量和资助经费都排在 EPSRC 在 2014 年资助的项目的第一位。

表 4-7 英国 EPSRC 2014 年项目资助研究领域和资助经费情况

研究领域	项目数量（个）	资助经费（英镑）
材料合成与成长	101	161979900
材料表征	92	131026112
医学仪器设备及装备	73	86428045
制造机械及工厂	102	82478916
人工智能	55	60930385
信息与知识管理	51	57986061
人机交互	40	54793541
材料加工	35	51686386
机器人与自动化	21	46897145
生物材料	30	43925069
分析科学	29	42978166
能源效率	47	42551769
可持续能源网络	27	36161428
数值分析	21	34565099
光器件和子系统	29	34278224
电子器件及子系统	21	33798370
网络与分布式系统	37	31930857
连续介质力学	25	31610632
化学合成方法	23	31233517
量子光学与信息	22	30570137
凝聚态物理	17	29772168
材料测试和工程	17	29432648
医学影像	19	28719599
药物配方和交付	12	28633879
催化与应用催化	29	27571810

续表

研究领域	项目数量（个）	资助经费（英镑）
光电器件和电路	12	27552552
图像与视觉计算	25	26870574
计算的基本原理	42	26188542
能源-核能	17	25768157
数学分析	28	25426830
非线性系统数学	14	25027398
代数与几何	38	24883818
空气动力学	14	24606510
组织工程	24	24093446
生物力学及康复	15	22629753
光通信	8	22287784
可持续能源载体	9	21844821
能源存储	20	21548877
控制工程	13	19686331
仪器仪表工程及发展	21	19521607
计算机图形和视觉	11	18806645
工艺系统设计	13	18514916
结构工程	18	18091119
流体动力学	29	17824674
复杂流体及软固体	14	17320428
生物物理学	8	17259518
水工程	18	16586407
计算机系统结构	19	15638188
生物和药物化学	7	15584007
化学生物学	16	15205538
数字信号处理	15	15199692
合成生物学	9	14393091
射频与微波技术	19	12679187
工程动力学和摩擦学	15	12309859
天然气与溶液气相反应	12	11880160
数学层面	7	11793119

续表

研究领域	项目数量（个）	资助经费（英镑）
不对称化学	7	11689867
风力发电	4	11127462
音乐和声学技术	9	10977039
能源-海洋水电	16	10896231
软件工程	8	10584752
设计与测试技术	19	10425373
化学结构	13	10183460
复杂性科学	8	9933293
碳捕获和储存	11	9740233
数学物理	11	9626060
燃料电池技术	5	9351106
医学与疾病	8	9303790
物理有机化学	13	9173887
生物电子设备	2	9143770
磁/磁现象	13	8934114
移动计算	16	8565444
交通运营与管理	5	8444210
太阳能技术	7	8145184
并行计算	2	7973984
微系统	6	7943705
逻辑与组合数学	7	7922956
等离子体-激光与融合	12	7906151
光与物质相互作用	11	7841929
设计工程	10	7640692
海岸及航道工程	34	7624770
地面工程	13	7603360
多相流	7	7551758
电化学科学与工程	11	7225585
废弃物减量化	3	7072943
激光与光学	6	6889127
水下工程	2	6836321

续表

研究领域	项目数量（个）	资助经费（英镑）
冷原子物种	7	6554802
传热传质	3	5402091
生物神经科学	5	5363855
反应堆工程	2	4798625
生物能源	4	4793581
粒子技术	8	4726831
表面与界面	6	4708339
显示器	3	4708262
量子流体与固体	4	4461714
生化工程	1	4424686
统筹化学	16	4412174
能源-传统	5	4121559
土木工程材料	15	3988161
生物信息学	3	3917014
工具生物科学	1	3868978
等离子体-技术	1	3732001
基因组学	1	3549716
理论生物学	1	3549716
分离过程	7	3262762
计算机/语料库语言学	6	2292195
建模与仿真 IT 系统	4	2172318
燃烧	18	1843109
设计流程	1	1673748
电机及驱动系统	5	1673340
原子和离子	4	1636292
流体动力输电工程	3	1544241
声学	7	1541957
愿景与感官-ICT 应用	3	1529362
生物科学的发展	1	1255009
废弃物管理	1	1223982
高性能计算	5	1136617

续表

研究领域	项目数量（个）	资助经费（英镑）
心理学	2	1129607
光学现象	4	885911
流变	3	697057
智能测量系统	2	644802
环境与健康	2	568459
发展心理学	1	559077
动物行为	1	506361
土壤学	1	414440
电力电子	2	391261
聚变	1	326261
心理健康	1	294021
生物医学科学	1	188407
大气动力学	1	181563
蛋白质化学	1	113004
生物反应器	1	105790
认知心理学	1	100224
认知科学在 ICT 应用	1	100224
气候与气候变化	1	99493
多媒体	1	95000
金融数学	1	8775

（二）英国 BBSRC 项目资助研究领域

BBSRC 是英国非医学生命科学领域的主要资助机构，于 1994 年依照皇家宪章建立，由前农业与食品研究委员会和前科学工程研究委员会的生物技术与生物科学部合并而成。工作重点包括欧盟的框架计划、欧盟科学基金会（ESF）、人类前沿科学计划、英国研究办公室、科技合作与双边与多边关系。这些工作的基础是国际科学交流计划（ISIS）。该计划使科学家能够交换意见，分享成果且获取外部资助。目前 BBSRC 资助的机构与个人及资助机构的科学家均有资格申请。BBSRC 的主要经费来源于英国贸工部科技办公室的科学预算，其他收入来源包括其他研究委员会的研究经费、对研究所提供的 IT 服务和延期捐助。

BBSRC 的资助宗旨为：①促进和支持与理解利用生物系统相关的高水平基础研究、战略性研究、应用研究及博士后培养；②在农业、生物处理、化学、食品与保健、药物学领域推动知识和技术进步，并提供训练有素、能满足客户和受益人需要的科学家和工程师，以提高英国人民的物质生活水平和英国的国际竞争力；③在生物技术和生物科学领域出谋划策、传播知识、提高公众意识[1]。

表 4-8 所示为英国 BBSRC 2014 年项目资助研究领域和资助经费情况[2]。可以看出，BBSRC 在 2014 年资助的项目研究领域共分为 20 个（除掉人文社科艺术等学科），项目数量不少于 20 个的有 16 个研究领域，资助经费不低于 10000000 英镑的有 16 个研究领域。其中资助经费高于 30000000 英镑的项目分布的研究领域为微生物学、植物科学、合成生物学、作物科学、结构生物学、工业生物技术、动物健康、神经科学与行为、系统生物学等。

表 4-8　英国 BBSRC 2014 年项目资助研究领域和资助经费情况

研究领域	项目数量（个）	资助经费（英镑）
微生物学	254	131756148
植物科学	247	102031538
合成生物学	60	73615718
作物科学	180	72200399
结构生物学	126	69897979
工业生物技术	78	69863484
动物健康	92	48199423
神经科学与行为	101	41107850
系统生物学	65	36221312

1 www.bbsrc.ac.uk/。
2 http://www.bbsrc.ac.uk/pa/grants/。

续表

研究领域	项目数量（个）	资助经费（英镑）
免疫学	53	29648346
生物能源	30	29430697
老龄化	36	14965675
微生物食品安全	15	14498760
制药	39	13027337
土壤科学	34	12139819
干细胞	27	10556048
饮食与健康	35	8317987
再生生物学	16	5706564
动物福利	19	4833891
动物的更换、减少和细化研究	8	2682838

（三）英国 MRC 项目资助研究领域

英国医学研究理事会（MRC）成立于 1913 年，其宗旨是资助为改善人们健康状况而开展的医学研究。MRC 资助的科学研究及培养的科学家将满足医疗卫生服务、制药及其他医疗卫生相关企业和学术研究的需求。英国医学研究理事会所资助的研究工作在英国获得了许多非常重要的科学发现和医药成就。其每年超过 5 亿英镑开支的一半是提供给下属的 40 家研究所、研究室和各个研究中心，而另一半则是用于对大学和医学院校研究团队的资助和个人的培训奖学金[1]。受英国医学研究理事会资助的项目已经有 29 个拿到了诺贝尔奖。英国医学研究理事会一共有 25 个分单位分布在英国各地，并且拥有 27 个研究中心与牛津大学、剑桥大学、伦敦帝国理工大学等英国顶尖名校合作。

表 4-9 所示为英国 MRC 2014 年项目资助研究领域和资助经费情况[2]。可以看出，MRC 在 2014 年资助的项目研究领域共分为 40 个（除掉人文社科艺

1 www.mrc.ac.uk/。
2 http://www.mrc.ac.uk/research/funded-research/?nav=main。

术等学科），项目数量不少于 10 个的有 2 个研究领域，资助经费不低于 10000000 英镑的有 3 个研究领域。其中资助经费高于 10000000 英镑的项目分布的研究领域为细菌性疾病、癌症、心血管等。

表 4-9 英国 MRC2014 年项目资助研究领域和资助经费情况

研究领域	项目数量（个）	资助经费（英镑）
细菌性疾病	6	46610984
癌症	9	21869523
心血管	6	11081967
细胞生物学	4	6424455
发育生物学	5	5644448
神经学和神经退行性疾病	10	4705793
心理健康和成瘾	7	4416885
遗传学/基因组学	5	4200544
正常的免疫	10	3929749
承载响应病原体	5	3803033
细胞生物学和信号	3	3705558
寄生虫病	7	2863529
感染与免疫	4	2747491
神经科学和心理健康	6	2726776
呼吸	7	2430096
人口及系统医学	6	2382023
皮肤病学	2	2310987
免疫疾病	3	2147242
肌肉骨骼	4	1928076
意识障碍	6	1854965
代谢/内分泌	3	1776146
生殖健康分娩	4	1479642
分子与细胞医学	3	1465402
炎症	2	1321265
大规模队列	2	1308699
结构生物学	5	1292918

续表

研究领域	项目数量（个）	资助经费（英镑）
肾脏	3	1138065
病毒病	5	1097790
发育神经生物学	1	1056075
真菌病	1	897300
胃肠病	1	894965
通用人口科学	1	888203
血液学	1	812179
试验全球健康	3	725936
社会经济/行为	2	577544
疫苗学	2	448714
营养不良和肥胖	1	414497
儿科	1	412912
疼痛、睡眠和疲劳	1	412465
再生医学	1	381343

（四）英国 NERC 项目资助研究领域

英国自然环境研究理事会（NERC）是英国 7 个研究理事会之一，其专注于从环境科学到整个星球交互作用系统的独立研究、调研、培训和知识传播。它的使命是收集和应用相关的知识，建立有关如何理解和预测自然环境行为的渠道，并积极地将其工作成效与他人沟通。

NERC 每年预算为两亿多英镑，主要资助环境科学领域的研究和人才培养。预算的 50%用于大学，50%用于 NERC 下属的研究中心。资助领域涵盖大气、地球、陆地和水科学，范围从深海到高层大气。NERC 的宗旨是集合、应用知识，理解、预知自然环境和资源的活动，同时也致力于用这些信息解决复杂问题[1]。

1 www.nerc.ac.uk/。

表 4-10 所示为英国 NERC 2014 年项目资助研究领域和资助经费情况[1]。可以看出，NERC 在 2014 年资助的项目研究领域共分为 5 个，项目数量都大于 200 个，资助经费都在 70000000 英镑以上。

表 4-10 英国 NERC 2014 年项目资助研究领域和资助经费情况

研究领域	项目数量（个）	资助经费（英镑）
陆地	292	87664749
大气	268	82882201
淡水	257	77259253
地球	223	73941377
海洋	236	72055423

二、英国科技项目资助研究领域

通过 2014 年英国 RCUK 旗下工程与自然科学研究理事会（EPSRC）、生物技术与生物科学研究理事会（BBSRC）、医学研究理事会（MRC）、自然环境研究理事会（NERC）4 个与自然科学与工程、生物医学、环境领域资助的项目数量和资助经费来看，英国目前发展的 33 个重点领域有：材料合成与成长、材料表征、医学仪器设备及装备、制造机械及工厂、人工智能、信息与知识管理、人机交互、材料加工、机器人与自动化、生物材料、分析科学、能源效率、可持续能源网络、数值分析、光器件和子系统、电子器件及子系统、网络与分布式系统、连续介质力学、化学合成方法、量子光学与信息、微生物学、植物科学、合成生物学、作物科学、结构生物学、工业生物技术、动物健康、神经科学与行为、系统生物学、细菌性疾病、癌症、心血管、环境科学等。

1 http://www.nerc.ac.uk/research/portfolio/remit/。

第三节 英国科技战略规划重点领域

战略规划是指国家政府所制定的经济和社会发展的长远性、全局性的构想，制定组织的长期目标并将其付诸，包括五年、十年的总体规划和战略性的行业与区域规划，战略规划突出了一个国家的战略性、宏观性和政策性，抓住国民经济和社会发展全局的重大战略问题，突出战略方针、战略任务、战略布局、战略措施和重大政策，从一个国家及各级规划部门的战略规划政策能够看出这个国家对未来发展的竞争战略意图。

本节针对英国政府及其他重要基金资助部门的未来战略规划进行分析，以此了解英国未来重点发展的研究领域。

一、国家战略规划研究领域

英国政府于 2014 年公布的最新的新兴技术产业战略政策文件《新兴技术产业战略 2014—2018》（*Emerging Technologies And Industries Strategy 2014 to 2018*）中指出[1]，英国在很多领域中确定了一些新兴技术和产业，在这些领域中，英国成功的研究工作能够转化为成功的商业产品。这些领域包括：合成生物学、高效能计算、能量收集、动物替代技术、新兴成像技术、石墨烯及量子技术，具体如表 4-11 所示。

表 4-11 《新兴技术产业战略 2014—2018》技术与领域

新兴技术	应用领域
高效能计算	移动设备、高性能计算机、“物联网”、数据中心等

1 https://www.gov.uk/government/publications/emerging-technologies-and-industries-strategy-2014-to-2018。

续表

新兴技术	应用领域
能量收集	无线传感网络、汽车电源管理系统、建筑控制系统和消费终端装置
动物替代技术	药物开发和新药评估、改良作物保护和新型个性化医疗产品
新兴成像技术	在光子学、计算机学、光学、太赫兹源和探测器、可视化技术、光子晶体和纤维、人工超常材料和等离子体、石墨烯及光信号处理等方面
石墨烯	强化型复合材料、电子设备（电容器和显示屏）、导电油墨等
量子技术	潜在的应用领域包括矿物开采、无卫星导航、医学成像和安全通信
合成生物学	新药和疫苗的开发、生物燃料和高选择性传感器

2015 年 2 月 17 日，英国技术战略委员会发布《2015—2018 数字经济发展战略》，提出在未来 4 年每年资助 3000 万英镑，支持数字经济领域的创新性商业项目，保证英国占据全球数字创新的最前沿。《2015—2018 数字经济发展战略》提出的目标和行动方案如表 4-12 所示[1]。

表 4-12　《2015—2018 数字经济发展战略》提出的目标和行动方案

战略目标	行动方案
资助数字领域的创新者和企业开发新创意，创建新企业	提供政策和业务支持，鼓励企业界发展数字创意产业；帮助新创的数字企业建立与企业界和政府潜在用户的联系；帮助新创企业寻找数字化技术研发领域的创新人才
基于数字技术用户需求进行集中研发	鼓励数字企业分析用户需求，资助在产品开发每一环节进行用户体验；确保数字产品的安全性；鼓励企业进行包容性和适用性产品设计，以占据尽可能广泛的市场
根据技术发展和企业需求为创新机构和人员提供设备	使数据、内容、元数据等可以无须人工干预而无缝链接；帮助企业开发新技术与服务，将数字世界的优势变为现实的用户环境
建设研究基础设施、平台和生态系统	支持企业发展互操作基础设施、软件平台和多用户业务引擎，鼓励推广行业标准；支持新进入企业建立自己的数字工作平台或系统，帮助其发展合作关系等
保障数字经济的可持续发展	与研究理事会合作，鼓励跨学科合作研究，并结合现实的业务需求；与政府各部门协作，确保法律、法规和政策框架支持数字创新和业务增长，制定支持创新的新政策措施；与研究机构和大学合作，保证产品设计人员和用户能够获得相应的技能培训；通过战略扫描，制定并实施相应的发展战略与规划；多方合作，平衡技术创新中的商业目标与社会发展目标

1 https://www.gov.uk/government/uploads/system/uploads/attachment_data/file/404743/Digital_Economy_Strategy_2015-18_Web_Final2.pdf。

英国商业、创新与技能部（BIS）发布了最新的《技术与创新的未来：英国2020的经济增长机遇》预见报告[1]，预测了未来20年的主要技术发展机遇。报告确定了四大潜在增长领域——生物技术和制药行业、材料与纳米科学与纳米技术、数字网络、能源和低碳技术共包括53项技术，预见了三大类新的未来技术发展机遇，包括能源转变技术、满足人类日常需求的技术、“以人为中心”的设计技术，具体如表4-13所示。

表4-13 《技术与创新的未来：英国2020的经济增长机遇》技术与领域

	新兴技术	领域
潜在增长领域	生物技术和制药行业	芯片上的实验室、医学成像、E-Health、人机接口
	材料与纳米科学与纳米技术	智能互动纺织物、活性包装、3D印刷
	数字网络	信息化基础设施：复杂性、超级计算、云计算、下一代网络、智能传感器网络和泛在计算； 分析工具：检索与决策、模拟与建模； 处理器、接口与传感器：新的计算技术、光子学、安全通信、生物识别、监视、服务机器人和群机器人、生物启发的传感器
	能源和低碳技术	智能电网、智能低碳车辆等
未来发展技术	能源转变技术	包括生物能源及减少排放技术、间歇式电力供给的平衡技术、实时电网模拟及高压直流电网（HVDC）技术等
	满足人类日常需求的技术	各类服务性机器人技术
	“以人为中心”的设计技术	“智能”服装技术、传感器技术等

英国商业、创新与技能部（BIS）与英国能源与气候变化部（DECC）与2015年3月联合了发布《2050年工业脱碳和能源效率路线图》（*Industrial Decarbonisation And Energy Efficiency Roadmaps to 2050*）系列报告，选取钢铁、化工、炼油、食品和饮料、造纸和纸浆、水泥、玻璃、陶瓷八大能源密集型行业，探讨了这八大部门实现CO_2减排和保持行业竞争力的潜力与挑战，绘

1 http://www.bis.gov.uk/assets/foresight/docs/horizon-scanning-centre/12-1157-technology-innovation-futures-uk-growth-opportunities-2012-refresh.pdf。

制了英国工业的低碳未来路线图[1]。

英国商业、创新和技能部（BIS）2015 年 2 月推出了制造业供应链行动计划（Manufacturing Supply Chains：Action Plan），主要包括创新、技能、融资渠道、提升中小企业能力、深化供应链间的合作、打造更具韧性的供应链六大主题[2]。目的是推动英国制造业供应商创新、技能和出口水平，建立协作性强、长期稳定的供应链。

英国大学与科学部提出的"八大重点技术领域"[3]是推动英国未来经济增长，赢得全球竞争的重要发展领域，是英国政府不断增加研发投入的重点资助领域，具体如表 4-14 所示。

表 4-14　英国"八大重点技术领域"

八大重点技术领域	对地观测、医药等领域的大数据分析与低能耗计算
	空间技术及空间观测数据的商业产品与服务
	机器人与自动化系统，并建立相关领域的创新中心及研发与产业园区
	合成生物学，建设国家生物制剂产业创新中心，促进领域研究与商业化
	再生医学，建立英国再生医学研究平台及转化中心
	农业科技，建立世界级农业科学研究园区及国家植物表型组学研究中心
	先进材料，包括先进合成材料、高性能合金、低能耗电子及电信技术
	新能源领域，包括新型储能网、新型发电、节能及低碳技术

2015 年 3 月，英国政府计划投资 6000 万英镑资助英国能源研究领域的重大项目，以确定该领域的进一步关键变化，如热能和能量储存。该计划以英国大学为主导，联合英国地质调查局、伯明翰大学、诺丁汉大学、华威大学、拉夫堡大学、阿斯顿大学和莱斯特大学共同合作研究，同时，也将吸引来自行业合作伙伴的重大投资。该计划将提供广泛的能源研究与产业合作，并对能源领域新兴技术创新和转化为实际的解决方案提供了强大的全球性效

1 www.gov.uk/government/publications/industrial-decarbonisation-and-energy-efficiency-roadmaps-to-2050。

2 www.gov.uk/government/uploads/system/uploads/attachment_data/file/407071/bis-15-6-strengthening-uk-manufacturing-supply-chains-action-plan.pdf。

3 https://www.gov.uk/government/speeches/eight-great-technologies。

益和价值。该计划重点资助中部地区新能源项目，并建立一个能源研究加速器（ERA）研究中心，该中心基于先进制造业跨领域研究基础之上，这将加速中部地区制造业的增长。能源研究加速器将开发新的方法来降低制造业能源成本，增加英国在全球市场的竞争优势，将促进新的能源研究，以确保英国在该地区新能源技术、开发和部署技术的国际领先地位，形成竞争优势和经济影响的阶跃变化[1]。

2014 年 12 月，英国政府宣布将在未来 6 年，即 2015—2021 年，提供 23 亿英镑用于修建超过 1400 个防洪和抵御沿海侵蚀的工程。根据该计划，英国境内的社区可以有机会获得资金建设各自区域内的防洪工程，包括城镇、城市和地区内重大建设工程的改造，以及帮助在 2013 年冬季洪水中受灾的社区进行灾后恢复重建。资金具体分配为：泰晤士河口和亨伯河口将获得 1.96 亿英镑和 8000 万英镑的防洪资金。其他将会获益的工程包括：林肯郡的波士顿区（7300 万英镑）、兰开夏郡的 rossall（4700 万英镑）、牛津（4200 万英镑）和汤布里奇地区（1700 万英镑）等地的防洪工程。英国环境署（Environment Agency）负责该项资金的调配，资助对象为地方当局、内部排水董事会（Internal Drainage Boards）和环境署[2]。

英国交通部和低排放车辆办公室 2015 年 2 月联合宣布，将投入 4300 万英镑用于充电基础设施建设和电动汽车研发。其中 3200 万英镑用于基础设施建设，包括：1500 万英镑用于家庭安装充电装置，业主将获得 75%的补助（最高 700 英镑）；800 万英镑支持公共充电基础设施，安装位置包括主要道路、城市乡镇等地；900 万英镑致力于基础设施的其他优先事项，如确保英国世界级充电网络可以继续向用户开放等。用于电动汽车技术研发的经费为 1100 万英镑（加上英国创新机构的联合资助总额达到 1500 万英镑），将支持有 50 个机构参与的 15 个研发项目，涉及先进材料、动力电池、辅助系统等[3]。

---

1 http://www.bgs.ac.uk/news/docs/ERAPressReleaseBGS.pdf。

2 https://www.gov.uk/government/news/23-billion-to-be-spent-on-new-flood-defences。

3 https://www.gov.uk/government/news/43-million-for-infrastructure-and-research-and-development-plug-in-vehicle-funding。

2015 年 3 月，英国能源与气候变化部（DECC）发布题为《降低取暖成本：英国的燃料贫困改善战略》（*Cutting The Cost Of Keeping Warm: Fuel Poverty Strategy For England*）的报告，旨在为政府设定雄心勃勃的法律目标，通过提高能源效率的方式解决英国的燃料贫困问题，该报告列举了未来 15 年内存在的挑战和将要采取的行动，确保政府未来能采取正确的措施解决燃料贫困并帮助最需要的家庭[1]。

2014 年 12 月，英国大学、科学和城市大臣 Greg Clark 正式宣布《科学与创新战略》，阐述了至 2020—2021 年政府投资及支持的优先领域，以及未来几年科技及创新政策的 5 项关键性指导原则：卓越（Excellence）、灵活（Agility）、合作（Collaboration）、地位（Place）和开放（Openness）。该战略要点包括：①30 亿英镑用于支持单个的基本建设项目及机构资金，以维系高校及研究机构中的实验室的卓越性。②29 亿英镑用于大型的基本建设项目，以支持科技的"重大挑战"，包括 0.3 亿英镑用于 Xfel（国际自由电子激光项目）；0.2 亿英镑用于创建"激励科学资本基金"，使公众更多地参与科学。极地船、平方千米阵列等先期已开展的项目也将得到追加的投资。③向位于曼彻斯特大学的亨利·罗伊斯爵士先进材料研究院（Sir Henry Royce Institute For Advanced Materials）资助高达 2.35 亿英镑。④0.95 亿英镑用于欧盟空间局项目，包括领衔下一次的欧盟火星漫游车。⑤0.61 亿英镑资助高价值制造业加速器，0.28 亿英镑创建国家配方中心。⑥向硕士研究生提供高达 1 万英镑的收入比例贷款[2]。

2014 年 12 月，英国商务大臣 Vince Cable 宣布，将成立 4 家雇主导向（Employer-Led）的国家学院（National Colleges），以培养世界级的先进制造、数字化、风能及创造性产业人才。其目标是到 2020 年之前的人才培养规模达到 1 万人，帮助年轻人获得研究生程度的职业资格，缩小英国与国际竞争对

1 https://www.gov.uk/government/uploads/system/uploads/attachment_data/file/408644/cutting_the_cost_of_keeping_warm.pdf。

2 https://www.gov.uk/government/news/government-unveils-6-billion-package-for-uk-science- and-innovation。

手在劳动生产率和技能等领域的差距。未来两年中，英国政府将向这 4 家国家学院提供8000万英镑的资助，产业界的雇主也将提供相仿的资助进行匹配，使得总资助额度达到 1.6 亿英镑。先进制造国家学院将由英国政府、高价值制造加速器成员及英国工程雇主联合会（Eef）联合创立，学院将依托谢菲尔德大学和考文垂制造技术中心（Mtc），在全英国范围内寻找合作伙伴，打造全英制造中心网络。英国政府早些时候公布了高速铁路、核能及陆地油气资源 3 家国家学院，加上这次成立的 4 家国家学院，使得英国国家学院总数达到了 7 家[1]。

2014 年 12 月，英国空间局（UK Space Agency）宣布，将向欧盟空间计划追加超过 2 亿英镑的资助，其中包括向欧盟火星任务和火星探测器开发投入 4770 万英镑、4920 万英镑帮助英国研究人员进入国际空间站项目及向欧空局电信系统先进研究项目（Artes）投入 1.3 亿英镑。英国政府认为，此举将使得英国在空间领域增强领导力，并且在空间产业为英国经济带来 113 亿英镑的贡献[2]。

二、研究理事会战略规划研究领域

英国研究理事会 RCUK 下属的相关的研究理事会也都提出了 2015 年以后的战略规划。

英国生物技术与生物科学研究理事会（BBSRC）的 Strategic Longer 和 Larger Grants（Slolas）[3]提出 2015—2016 年资助的重点领域为微生物群落，包括生物膜的形成、人类/动物微生物组、抗微生物抗性、土壤共 4 个子领域。

2015 年 2 月，英国生物技术与生物科学研究理事会（BBSRC）支持的工

1 https://www.gov.uk/government/news/cable-new-generation-of-national-colleges-will-lead-revolution-in-hi-tech-skills。

2 https://www.gov.uk/government/news/uk-space-industry-set-to-rocket-with-over-200-million-of-new- investment-for-europes-space-programme。

3 http://www.bbsrc.ac.uk/funding/grants/lola/lola-priority-areas.aspx。

业生物技术催化剂（Industrial Biotechnology Catalyst）计划提供共计 2000 万英镑的经费资助，支持包括微生物处理生活垃圾和新药组装模块开发在内的 23 个工业生物技术研究项目，以加快英国创新技术项目的市场转化进程。目前，工业生物技术在英国已步入高速发展阶段，预计 2025 年其价值将达到 120 亿英镑[1]。

工程与自然科学研究理事会（EPSRC）在 2015—2016 年实施计划（Delivery Plan 2015/2016）[2]中提到，为了支撑英国的工业战略，EPSRC 提出的高技能领域主要包括能源需求的最终用途、工程科学、材料技术、电力电子、ICT 制造业、分布式制造、创新的生产工艺、可持续利用材料、催化、功能材料、测量和传感、数字连接公民、自治系统和机器人、流体力学、国家基础设施系统、结构完整性和材料行为、综合技术、未来工业系统、轻量级系统、聚焦工业的数学模型、材料表征、聚合物、软物质和胶体科学、托换通信和计算机科学的培训。

2015 年 3 月，英国工程和自然科学研究委员会（EPSRC）宣布投入 450 万英镑用于研究“水—能源—粮食”之间的关系，以维护英国的水资源、能源与粮食安全。人类将要面临日益增长的能源和食品的需求与水资源短缺的危机。而目前，全球稀缺的淡水资源、不稳定的粮食供应和日益猛增的能源需求，这三者之间复杂相互作用、紧密联系，称为“水—能源—粮食”纽带关系（Water-Energy-Food Nexus）。围绕“水—能源—粮食”纽带关系问题给英国带来的挑战开展了一项全面性的研究，此项研究由 19 所大学及研究机构的跨学科组研究人员共同承担。该项目的独到之处在于将三个不同领域的问题结合起来考虑，也是一个很好的机会把不同研究领域的专家聚集在一起寻找解决方案[3]。“水—能源—粮食”规划研究领域如表 4-15 所示。

1 https://www.gov.uk/government/news/cable-announces-20-million-for-uk-industrial-biotechnology。
2 http://www.epsrc.ac.uk/newsevents/pubs/delivery-plan-2015-2016/。
3 http://www.epsrc.ac.uk/newsevents/news/ukwaterenergyfood/。

表 4-15 “水—能源—粮食”规划研究领域

主要内容	研究重点	主导机构	资助经费
基于“水—能源—粮食”纽带关系，探索如何突破这三者的联系	研究的重点是提高“水—能源—粮食”纽带关系的弹性。例如，出现洪水和干旱等极端气候事件或者能源短缺时，可能会帮助我们开发更加可持续与安全的环境系统	南安普顿大学	160 万英镑
收集“水—能源—粮食”相关的数据，并且在不同尺度建立生产关系模型	项目将模型应用于牛津、伦敦和德文郡的案例研究，以探讨“水—能源—粮食”相互的依赖关系	格拉斯哥大学	140 万英镑
在英国水、食品和能源系统现有的生产模式和行动计划中寻找受纽带关系影响较小的例子，确定并研究这些低强度建模系统	建模得出的研究结果应用于生产决策分析，以帮助行业、政府和社会各界共享数据	曼彻斯特大学	140 万英镑

为了推进自主制造的研究并扫清障碍，英国工程与自然科学研究理事会（EPSRC）于 2015 年 2 月发布了自主制造（Autonomous Manufacturing）项目征集，大力支持工厂环境下的自主制造技术和系统相关的新型前沿研究。EPSRC 将投入不超过 1000 万英镑，项目期限不超过 5 年。EPSRC 将采取灵活的资助模式，资助对象包括跨学科研究项目、可行性研究、网络及拓展活动等[1]。

2014 年 12 月，英国工程与自然科学研究理事会（EPSRC）宣布将对 10 个功能材料研究项目开展资助。这些项目旨在推动英国制造水平、开发新的和现有的功能材料、加速功能材料科学向应用转化。总共将有 17 所高校参与，加上高校及产业界的资助，总资助额度约为 3210 万英镑[2]。

英国医学研究理事会（Mrc）[3]2015—2016 年关键研究重点为：①大数据/医学生物信息学；②能力、基础设施和技能；③痴呆症；④抗生素耐药性；⑤实验医学；⑥分层医学与个性化医学；⑦再生医学。

1 http://www.epsrc.ac.uk/funding/calls/autonomousmanufacturing/。
2 http://www.epsrc.ac.uk/newsevents/news/functionalmaterialsboost/。
3 http://www.mrc.ac.uk/news-events/publications/communication-and-engagement-strategy-2014-19/。

自然环境研究理事会（NERC）的战略计划咨询小组（Spag）对 2014 年暑期由环境科学界提交的 150 项研究思路进行了认真审查，并确定了部分重点主题的研究领域，决定重点资助以下 5 个方面的研究领域，以应对当前所面临的一些最大环境挑战[1]。5 个方面的研究领域包括：①了解和预测地表温度异常趋势和长期气候变化响应影响；②环保路径与纳米材料的影响研究；③淡水生态系统及其景观系统动态研究；④自然资本系统集成动态：把自然环境纳入经济决策；⑤Edna——21 世纪生态学重要的新工具。

2015 年 6 月，英国自然环境研究理事会（NERC）投资 850 万英镑，以“大额资助计划”的形式资助 3 个项目，深入研究对气候变化及其影响的理解，促进社会更好地理解气候变化的挑战[2]。

2015 年 3 月，NERC 宣布投入 1750 万英镑来回答“世界是如何运转的？”这一基本问题。该资助计划由 34 个项目组成，是 NERC 最新一轮标准资助项目的一部分，用以支持开展卓越的环境研究，从而解决或提供手段来解决那些已明确的科学问题。该研究计划资助的项目包括：①调查家畜的尿液对污染物和温室气体——氧化亚氮排放的影响。②调查蚂蚁等微生物的形成，这可能是发现新抗生素的钥匙。③利用实时的 X 线断层摄影术揭示火山及其过程，从而帮助减少火山喷发预测中的不确定性。④探测地球深部，以了解地球的地磁场及其变化。⑤开发新的模型来跟踪风暴及其路径和模式的变化，以更好地理解风暴对基础设施带来的风险[3]。

2015 年 5 月，英国全球粮食安全计划（GFS）宣布启动一项为期 5 年的跨学科研究项目，以支持可持续和具有恢复力的粮食生产、运输与消费。该项目由英国生物技术与生物科学研究理事会（BBSRC）、英国自然环境研究理事会（NERC）、英国环境、食品和农业事务部（DEFRA）、食品标准局（FSA）和英国经济与社会研究理事会（ESRC）联合支持，通过与更广泛的利益相关

1 http://www.nerc.ac.uk/latest/news/nerc/highlight-topics/。
2 http://www.nerc.ac.uk/latest/news/nerc/large-grants/。
3 http://www.nerc.ac.uk/latest/news/nerc/standard-grants/。

方合作，解决粮食安全挑战——“全球背景下粮食系统的恢复力”。从粮食生产到消费，弹性的粮食系统面临着资源的竞争、气候变化和日益增长的需求等诸多挑战。BBSRC、NERC 和 ESRC 三方提供基金资助，计划投入 1400 万英镑，这个新的 GFS 项目将这些研究成果转化为实践指南和政策，促进未来农业对环境变化的适应力和农业的可持续发展。目前，首轮项目将获得 700 万英镑的资助，主要用于 3 个交叉主题研究，如表 4-16 所示[1]。

表 4-16 “全球粮食系统恢复力研究项目”资助的研究领域

研究主题	主要内容
提高农业生产效率，探索具有恢复力和可持续性的农业景观	该主题的核心是理解恢复力、可持续性和生产力之间的关系并权衡利弊，从而实现农业系统均衡粮食供应和其他生态系统服务。这将有助于应对持续满足不断增长的人口所带来的挑战，并确保改善环境、社会和经济
增强国际粮食供应链的恢复力	主要关注经济、环境、生物和社会因素对全球粮食供应链的影响及其相互作用，从地方到全球尺度，研究如何提升全球粮食系统的恢复力
从个人和家庭角度出发，研究食品选择对健康、可持续性和粮食供给恢复力的影响	该研究的核心是识别食物选择背后的驱动因素，并揭示这些因素如何影响更广泛的食品生产系统。该主题研究的目的是确定相应的干预措施，旨在以更加灵活和公平的方式确定能够兼顾营养与可持续食品供应的粮食系统

三、英国战略规划重点领域

综合分析英国政府及各重要部门、RUCK 等各层面的、权威且具有代表性的战略规划，英国未来发展的重点领域主要包括合成生物学、高效能计算、能量收集、动物替代技术、新兴成像技术、石墨烯、量子技术、生物技术与制药行业、材料与纳米科学与纳米技术、数字网络、能源和低碳技术、大数据分析与低能耗计算、空间技术、机器人与自动化、再生医学、农业科技、先进材料、新能源、环境科学等。

1 http://www.nerc.ac.uk/funding/application/currentopportunities/gfs-programme/gfs-futureopportunity/。

第四节　英国科技发展遴选重点领域

将综合分析 2010—2014 年英国的 SCI 论文研究重点领域、2014 年科技项目资助重点领域，以及科技战略规划重点领域得到的重点领域，按照遴选指标的权重进行计算，基于分值的高低，遴选出英国科技发展的 Top10 重点领域如表 4-17 所示。

表 4-17　英国科技发展的 Top10 重点领域

单位：分

一级指标	学科（25%）			科研资助（35%）		产业社会（40%）		合计
二级指标	学科规模（10%）	影响力（12.5%）	专家判断（2.5%）	项目数（15%）	经费（20%）	当前（25%）	预测（15%）	
先进材料	9	9	2	15	20	24	14	93
新能源与能源转换	5	10	2.5	13	17	25	15	87.5
生物技术与制药行业	8	10	2	12	18	23	13	86
机器人与自动化	5	8	2.5	14	17	24	14	84.5
合成生物学	7	10.75	2	10	16	24	14	83.75
数字网络	5	8	2.5	12	17	24	14	82.5
空间技术	5	11	2.5	11	16	23	13	81.5
纳米科学与纳米技术	7	9	2	12	17	22	12	81
大数据分析与高效能计算	5	8	2.5	10	15	24	14	78.5
环境科学	7	9.75	2.5	10	15	22	12	78.25

（1）先进材料：从材料本身及相关的工业部门或应用领域来研究新型的可用的技术和多学科方法，包括先进合成材料、高性能合金、低能耗电子及电信技术。先进材料是英国近 5 年 SCI 论文 Top20 的研究领域之一；也是英国 RCUK 资助项目数量和经费都排名前列的领域；英国政府的《新兴技术产业战略 2014—2018》中提及的新兴技术的应用领域包括了先进材料；是《技术与创新的未来：英国 2020 的经济增长机遇》中提及的潜在增长领域；是英

国“八大重点技术领域”之一；英国 RCUK 的相关战略也提及了先进材料领域。

（2）新能源与能源转换：包括新型储能网、新型发电、节能及低碳技术、生物能源及减少排放技术、间歇式电力供给的平衡技术、实时电网模拟及高压直流电网（HVDC）技术等。是英国 RCUK 资助项目数量和经费都排名前列的领域；是《技术与创新的未来：英国 2020 的经济增长机遇》未来发展技术涉及的领域；是英国“八大重点技术领域”之一；英国 RCUK 的相关战略中提及的高技能领域。

（3）生物技术与制药：包括生物的新兴来源和生物制品、海洋和淡水生物技术、工业生物技术（高附加值的生物产品和生物工艺）、生物炼油厂、环境生物技术、新趋势的生物技术，还包括芯片上的实验室、医学成像、E-Health、人机接口等。英国近 5 年 SCI 论文 Top20 的多个研究领域都与生物技术与制药行业有关；也是英国 RCUK 资助项目数量和经费都排名前列的领域；英国政府的《新兴技术产业战略 2014—2018》中提及的新兴技术之合成生物学与生物技术非常相关；是《技术与创新的未来：英国 2020 的经济增长机遇》中提及的潜在增长领域之一；英国“八大重点技术领域”之合成生物学与生物技术非常相关；英国 RCUK 的相关的多个战略也提及了生物技术和制药行业领域。

（4）机器人与自动化：各类服务性机器人技术、“智能”服装技术、传感器技术等。机器人与自动化是英国 RCUK 资助项目数量和经费都排名前列的领域；是《技术与创新的未来：英国 2020 的经济增长机遇》未来发展技术涉及的领域；是英国“八大重点技术领域”之一；英国 RCUK 的相关战略中提及的高技能领域。

（5）合成生物学：新药和疫苗的开发、生物燃料和高选择性传感器，包括建设国家生物制剂产业创新中心，促进领域研究与商业化。合成生物学是英国 RCUK 资助项目数量和经费都排名前列的领域；是英国“八大重点技术领域”之一；英国 RCUK 的相关战略中提及的重要发展领域。

（6）数字网络：包括信息化基础设施的复杂性、超级计算、云计算、下一代网络、智能传感器网络和泛在计算，以及检索与决策、模拟与建模、处理器、接口与传感器，还包括新的计算技术、光子学、安全通信、生物识别、监视、服务机器人和群机器人、生物启发的传感器等。数字网络是英国 RCUK 资助项目数量和经费都排名前列的领域；是英国政府的《新兴技术产业战略 2014—2018》中新兴技术的应用领域；是《技术与创新的未来：英国 2020 的经济增长机遇》未来发展技术涉及的领域。

（7）空间技术：包括全球导航卫星系统和地球观测、空间基础设施的保护、欧盟层面的空间监测和跟踪系统等。空间技术：英国近 5 年 SCI 论文 Top20 的研究领域与该领域相关；是英国政府的《新兴技术产业战略 2014—2018》中提及的新兴技术所涉及的应用领域；是英国“八大重点技术领域”之一。

（8）纳米科学与纳米技术：原子、分子级别制造的科学技术，有助于解决一些关键的社会挑战，包括气候变化、减少碳排放、发展可再生能源、有效利用资源和应对人口老龄化的医疗需求。纳米科学与纳米技术是《技术与创新的未来：英国 2020 的经济增长机遇》潜在增长领域中的新兴技术之一；英国 RCUK 的相关战略中提及的重要发展领域。

（9）大数据分析与高效能计算：对地观测、医药等领域。大数据分析与高效能计算是英国政府的《新兴技术产业战略 2014—2018》中提及的新兴技术之一；是《技术与创新的未来：英国 2020 的经济增长机遇》新兴技术涉及的领域；是英国“八大重点技术领域”之一；英国 RCUK 的相关的多个战略也提及了该领域。

（10）环境科学：包括应对气候变化、保护环境、资源可持续利用和管理、非能源和非农业原材料的可持续供应、通过生态创新实现绿色经济的转型、全面和持续的全球环境观测信息系统。环境科学是英国近 5 年 SCI 论文 Top20 的研究领域之一；也是英国 RCUK 资助项目数量和经费都非常多的领域；英国 RCUK 的相关战略中提及的重要发展领域。

第五章
Chapter 5

韩国重点领域分析与遴选

第一节　韩国科技论文研究重点领域

通过检索韩国近五年来被SCI收录的发文，对比发文的Web of Science 类别的年度分布，分析韩国在过去五年中从事科学研究的重点领域。

一、2010年论文研究领域

韩国在2010年共发表SCI论文46758篇，其Top50研究领域如表5-1所示。发文领域涉及材料、物理、化学、生物、医学、电子电气、工程等多个学科。其中，材料科学的发文数最多，达到4086篇，紧随其后的是应用物理、电气电子工程、化学、生物化学、物理化学、肿瘤学、凝聚态物理、药理学、外科等领域。

表5-1　韩国2010年SCI论文Top50研究领域

排名	学科领域	论文数量（篇）	百分比（%）
1	材料科学多学科（Materials Science Multidisciplinary）	4086	8.739
2	应用物理（Physics Applied）	3670	7.849
3	电气电子工程（Engineering Electrical Electronic）	3144	6.724
4	化学多学科（Chemistry Multidisciplinary）	2848	6.091
5	生物化学-分子生物学（Biochemistry Molecular Biology）	2550	5.454
6	物理化学（Chemistry Physical）	1963	4.198
7	肿瘤学（Oncology）	1812	3.875
8	凝聚态物理（Physics Condensed Matter）	1732	3.704
9	药理学（Pharmacology Pharmacy）	1662	3.554
10	外科（Surgery）	1629	3.484
11	纳米科学与纳米技术（Nanoscience Nanotechnology）	1531	3.274
12	临床神经病学（Clinical Neurology）	1438	3.075

续表

排名	学科领域	论文数量（篇）	百分比（%）
13	生物技术-应用微生物（Biotechnology Applied Microbiology）	1348	2.883
14	通信（Telecommunications）	1194	2.554
15	细胞生物学（Cell Biology）	1186	2.536
16	神经科学（Neurosciences）	1147	2.453
17	食品科学技术（Food Science Technology）	1097	2.346
18	物理多学科（Physics Multidisciplinary）	1096	2.344
19	工程化学（Engineering Chemical）	1008	2.156
20	核放射医学影像（Radiology Nuclear Medicine Medical Imaging）	966	2.066
21	高分子科学（Polymer Science）	959	2.051
22	光学（Optics）	959	2.051
23	心脏心血管系统（Cardiac Cardiovascular Systems）	916	1.959
24	机械工程（Engineering Mechanical）	894	1.912
25	肝病、胃肠病（Gastroenterology Hepatology）	884	1.891
26	电化学（Electrochemistry）	882	1.886
27	冶金矿冶工程（Metallurgy Metallurgical Engineering）	869	1.859
28	药用化学（Chemistry Medicinal）	844	1.805
29	微生物学（Microbiology）	738	1.578
30	环境科学（Environmental Sciences）	735	1.572
31	免疫学（Immunology）	728	1.557
32	皮肤病学（Dermatology）	715	1.529
33	普通内科医学（Medicine General Internal）	703	1.503
34	植物学（Plant Sciences）	651	1.392
35	分析化学（Chemistry Analytical）	617	1.32
36	燃料（Energy Fuels）	615	1.315
37	生物物理学（Biophysics）	614	1.313
38	计算机科学-信息系统（Computer Science Information Systems）	605	1.294
39	数学（Mathematics）	594	1.27
40	毒理学（Toxicology）	586	1.253
41	仪器仪表（Instruments Instrumentation）	581	1.243
42	材料科学表面涂层（Materials Science Coatings Films）	578	1.236
43	代谢内分泌学（Endocrinology Metabolism）	555	1.187

续表

排名	学科领域	论文数量（篇）	百分比（%）
44	应用数学（Mathematics Applied）	549	1.174
45	有机化学（Chemistry Organic）	536	1.146
46	土木工程（Engineering Civil）	531	1.136
47	医学实验研究（Medicine Research Experimental）	514	1.099
48	精神病学（Psychiatry）	495	1.059
49	泌尿肾脏病（Urology Nephrology）	490	1.048
50	生物化学研究方法（Biochemical Research Methods）	489	1.046

二、2011 年论文研究领域

韩国在 2011 年共发表 SCI 论文 50461 篇，其 Top50 研究领域如表 5-2 所示。和 2010 年相比，主要的研究领域大多数没有变化，只是排名发生了变动，其中新跻身前 50 名的领域是结晶学、天文天体物理学、力学研究领域。其中，材料科学依然是第一名，发文数达到 5088 篇，占比也从 2010 年的 8.739%，增加到 10.083%。

表 5-2 韩国 2011 年 SCI 论文 Top50 研究领域

排名	学科领域	论文数量(篇)	百分比（%）
1	材料科学多学科（Materials Science Multidisciplinary）	5088	10.083
2	应用物理（Physics Applied）	4457	8.833
3	化学多学科（Chemistry Multidisciplinary）	3793	7.517
4	电气电子工程（Engineering Electrical Electronic）	3321	6.581
5	生物化学-分子生物学（Biochemistry Molecular Biology）	2452	4.859
6	纳米科学与纳米技术（Nanoscience Nanotechnology）	2373	4.703
7	物理化学（Chemistry Physical）	2222	4.403
8	凝聚态物理（Physics Condensed Matter）	2066	4.094
9	肿瘤学（Oncology）	1796	3.559
10	外科（Surgery）	1775	3.518
11	药理学（Pharmacology Pharmacy）	1750	3.468

续表

排名	学科领域	论文数量(篇)	百分比(%)
12	临床神经病学（Clinical Neurology）	1310	2.596
13	细胞生物学（Cell Biology）	1272	2.521
14	生物技术-应用微生物（Biotechnology Applied Microbiology）	1240	2.457
15	通信（Telecommunications）	1169	2.317
16	心脏心血管系统（Cardiac Cardiovascular Systems）	1137	2.253
17	物理多学科（Physics Multidisciplinary）	1128	2.235
18	肝病、胃肠病（Gastroenterology Hepatology）	1116	2.212
19	食品科学技术（Food Science Technology）	1110	2.2
20	光学（Optics）	1062	2.105
21	工程化学（Engineering Chemical）	1042	2.065
22	高分子科学（Polymer Science）	1002	1.986
23	电化学（Electrochemistry）	974	1.93
24	核放射医学影像（Radiology Nuclear Medicine Medical Imaging）	946	1.875
25	药用化学（Chemistry Medicinal）	945	1.873
26	机械工程（Engineering Mechanical）	916	1.815
27	神经科学（Neurosciences）	894	1.772
28	冶金矿冶工程（Metallurgy Metallurgical Engineering）	893	1.77
29	环境科学（Environmental Sciences）	876	1.736
30	免疫学（Immunology）	808	1.601
31	微生物学（Microbiology）	790	1.566
32	植物学（Plant Sciences）	780	1.546
33	分析化学（Chemistry Analytical）	757	1.5
34	燃料（Energy Fuels）	755	1.496
35	普通内科医学（Medicine General Internal）	737	1.461
36	仪器仪表（Instruments Instrumentation）	691	1.369
37	计算机科学-信息系统（Computer Science Information Systems）	654	1.296
38	应用数学（Mathematics Applied）	649	1.286
39	数学（Mathematics）	645	1.278
40	皮肤病学（Dermatology）	641	1.27
41	土木工程（Engineering Civil）	614	1.217
42	生物物理学（Biophysics）	594	1.177

续表

排名	学科领域	论文数量（篇）	百分比（%）
43	生物化学研究方法（Biochemical Research Methods）	594	1.177
44	有机化学（Chemistry Organic）	574	1.138
45	医学实验研究（Medicine Research Experimental）	572	1.134
46	结晶学（Crystallography）	565	1.12
47	材料科学表面涂层（Materials Science Coatings Films）	557	1.104
48	天文天体物理学（Astronomy Astrophysics）	519	1.029
49	力学（Mechanics）	514	1.019
50	毒理学（Toxicology）	509	1.009

三、2012 年论文研究领域

韩国在 2012 年共发表 SCI 论文 55762 篇，其 Top50 研究领域如表 5-3 所示。和 2011 年相比，有新的研究领域跻身前 50 名，主要是泌尿肾脏病领域，精神病学、代谢内分泌学、生物医药工程领域，其中泌尿肾脏病领域，精神病学、代谢内分泌学领域在 2010 年也进入前 20 名，可见这些领域在韩国都保持着一定的研究水平，每年稍有变动，但总体变化不大。而且，2011 年和 2012 年排名前 5 的领域没有发生变化，都是材料科学、应用物理、化学、电气电子工程、生物化学-分子生物学。

表 5-3　韩国 2012 年 SCI 论文 Top50 研究领域

排名	学科领域	论文数量（篇）	百分比(%)
1	材料科学多学科（Materials Science Multidisciplinary）	5170	9.272
2	应用物理（Physics Applied）	4264	7.647
3	化学多学科（Chemistry Multidisciplinary）	3944	7.073
4	电气电子工程（Engineering Electrical Electronic）	3498	6.273
5	生物化学-分子生物学（Biochemistry Molecular Biology）	2624	4.706
6	物理化学（Chemistry Physical）	2522	4.523
7	纳米科学与纳米技术（Nanoscience Nanotechnology）	2360	4.232

续表

排名	学科领域	论文数量（篇）	百分比（%）
8	药理学（Pharmacology Pharmacy）	1961	3.517
9	肿瘤学（Oncology）	1953	3.502
10	外科（Surgery）	1937	3.474
11	凝聚态物理（Physics Condensed Matter）	1844	3.307
12	临床神经病学（Clinical Neurology）	1560	2.798
13	生物技术-应用微生物（Biotechnology Applied Microbiology）	1457	2.613
14	细胞生物学（Cell Biology）	1396	2.503
15	肝病、胃肠病（Gastroenterology Hepatology）	1392	2.496
16	通信（Telecommunications）	1317	2.362
17	心脏心血管系统（Cardiac Cardiovascular Systems）	1307	2.344
18	工程化学（Engineering Chemical）	1303	2.337
19	物理多学科（Physics Multidisciplinary）	1230	2.206
20	神经科学（Neurosciences）	1222	2.191
21	食品科学技术（Food Science Technology）	1140	2.044
22	光学（Optics）	1126	2.019
23	机械工程（Engineering Mechanical）	1110	1.991
24	高分子科学（Polymer Science）	1090	1.955
25	核放射医学影像（Radiology Nuclear Medicine Medical Imaging）	1086	1.948
26	免疫学（Immunology）	1057	1.896
27	微生物学（Microbiology）	966	1.732
28	冶金矿冶工程（Metallurgy Metallurgical Engineering）	931	1.67
29	普通内科医学（Medicine General Internal）	900	1.614
30	环境科学（Environmental Sciences）	900	1.614
31	电化学（Electrochemistry）	886	1.589
32	燃料（Energy Fuels）	876	1.571
33	药用化学（Chemistry Medicinal）	856	1.535
34	植物学（Plant Sciences）	832	1.492
35	应用数学（Mathematics Applied）	776	1.392
36	计算机科学-信息系统（Computer Science Information Systems）	760	1.363
37	数学（Mathematics）	756	1.356
38	皮肤病学（Dermatology）	736	1.32

续表

排名	学科领域	论文数量（篇）	百分比（%）
39	医学实验研究（Medicine Research Experimental）	732	1.313
40	分析化学（Chemistry Analytical）	700	1.255
41	土木工程（Engineering Civil）	699	1.254
42	仪器仪表（Instruments Instrumentation）	670	1.202
43	生物物理学（Biophysics）	664	1.191
44	多学科（Multidisciplinary Sciences）	656	1.176
45	泌尿肾脏病（Urology Nephrology）	646	1.158
46	精神病学（Psychiatry）	600	1.076
47	有机化学（Chemistry Organic）	589	1.056
48	天文天体物理学（Astronomy Astrophysics）	568	1.019
49	代谢内分泌学（Endocrinology Metabolism）	567	1.017
50	生物医药工程（Engineering Biomedical）	562	1.008

四、2013 年论文研究领域

韩国在 2013 年共发表 SCI 论文 57192 篇，其 Top50 研究领域如表 5-4 所示。和 2012 年相比，周围血管疾病、移植、力学领域成为新增领域，其中的力学领域在 2011 年也在前 50 名之列。材料科学依然居于首位，纳米科学与纳米技术也跻身前 5 名。

表 5-4　韩国 2013 年 SCI 论文 Top50 研究领域

排名	学科领域	论文数量（篇）	百分比（%）
1	材料科学多学科（Materials Science Multidisciplinary）	5673	9.919
2	应用物理（Physics Applied）	4630	8.096
3	化学多学科（Chemistry Multidisciplinary）	3952	6.91
4	电气电子工程（Engineering Electrical Electronic）	3261	5.702
5	纳米科学与纳米技术（Nanoscience Nanotechnology）	2673	4.674
6	生物化学-分子生物学（Biochemistry Molecular Biology）	2534	4.431
7	肿瘤学（Oncology）	2240	3.917

续表

排名	学科领域	论文数量（篇）	百分比（%）
8	物理化学（Chemistry Physical）	2240	3.917
9	凝聚态物理（Physics Condensed Matter）	2126	3.717
10	外科（Surgery）	2108	3.686
11	药理学（Pharmacology Pharmacy）	1628	2.847
12	生物技术-应用微生物（Biotechnology Applied Microbiology）	1579	2.761
13	临床神经病学（Clinical Neurology）	1553	2.715
14	细胞生物学（Cell Biology）	1302	2.277
15	通信（Telecommunications）	1294	2.263
16	心脏心血管系统（Cardiac Cardiovascular Systems）	1285	2.247
17	工程化学（Engineering Chemical）	1274	2.228
18	燃料（Energy Fuels）	1251	2.187
19	食品科学技术（Food Science Technology）	1167	2.04
20	机械工程（Engineering Mechanical）	1132	1.979
21	核放射医学影像（Radiology Nuclear Medicine Medical Imaging）	1107	1.936
22	多学科（Multidisciplinary Sciences）	1106	1.934
23	高分子科学（Polymer Science）	1063	1.859
24	光学（Optics）	1039	1.817
25	免疫学（Immunology）	1031	1.803
26	物理学多学科（Physics Multidisciplinary）	1024	1.79
27	肝病、胃肠病（Gastroenterology Hepatology）	1023	1.789
28	环境科学（Environmental Sciences）	1013	1.771
29	普通内科医学（Medicine General Internal）	959	1.677
30	电化学（Electrochemistry）	947	1.656
31	冶金矿冶工程（Metallurgy Metallurgical Engineering）	916	1.602
32	神经科学（Neurosciences）	913	1.596
33	计算机科学-信息系统（Computer Science Information Systems）	893	1.561
34	微生物学（Microbiology）	890	1.556
35	医学实验研究（Medicine Research Experimental）	883	1.544
36	应用数学（Mathematics Applied）	873	1.526
37	数学（Mathematics）	849	1.484
38	分析化学（Chemistry Analytical）	835	1.46

续表

排名	学科领域	论文数量（篇）	百分比（%）
39	植物学（Plant Sciences）	799	1.397
40	药用化学（Chemistry Medicinal）	790	1.381
41	生物物理学（Biophysics）	708	1.238
42	仪器仪表（Instruments Instrumentation）	699	1.222
43	土木工程（Engineering Civil）	696	1.217
44	代谢内分泌学（Endocrinology Metabolism）	665	1.163
45	周围血管疾病（Peripheral Vascular Disease）	636	1.112
46	皮肤病学（Dermatology）	618	1.081
47	移植（Transplantation）	608	1.063
48	天文天体物理学（Astronomy Astrophysics）	592	1.035
49	力学（Mechanics）	583	1.019
50	有机化学（Chemistry Organic）	583	1.019

五、2014 年论文研究领域

韩国在 2014 年共发表 SCI 论文 54526 篇，其 Top50 研究领域如表 5-5 所示。和 2013 年相比，生物医药工程、泌尿肾脏病、生物化学研究方法成为新增领域，然而这些领域在之前的年份中，也进入过前 50 名，可见韩国总体研究领域比较稳定。

表 5-5　韩国 2014 年 SCI 论文 Top50 研究领域

排名	学科领域	论文数量（篇）	百分比（%）
1	材料科学多学科（Materials Science Multidisciplinary）	5767	10.577
2	应用物理（Physics Applied）	4205	7.712
3	化学多学科（Chemistry Multidisciplinary）	3832	7.028
4	电气电子工程（Engineering Electrical Electronic）	3011	5.522
5	纳米科学与纳米技术（Nanoscience Nanotechnology）	2726	4.999
6	物理化学（Chemistry Physical）	2551	4.679
7	外科（Surgery）	2083	3.82

续表

排名	学科领域	论文数量（篇）	百分比（%）
8	生物化学-分子生物学（Biochemistry Molecular Biology）	2006	3.679
9	凝聚态物理（Physics Condensed Matter）	1926	3.532
10	肿瘤学（Oncology）	1744	3.198
11	生物技术-应用微生物（Biotechnology Applied Microbiology）	1596	2.927
12	药理学（Pharmacology Pharmacy）	1566	2.872
13	多学科（Multidisciplinary Sciences）	1425	2.613
14	临床神经病学（Clinical Neurology）	1332	2.443
15	燃料（Energy Fuels）	1314	2.41
16	肝病、胃肠病（Gastroenterology Hepatology）	1289	2.364
17	机械工程（Engineering Mechanical）	1228	2.252
18	工程化学（Engineering Chemical）	1221	2.239
19	食品科学技术（Food Science Technology）	1172	2.149
20	通信（Telecommunications）	1067	1.957
21	细胞生物学（Cell Biology）	1055	1.935
22	环境科学（Environmental Sciences）	1047	1.92
23	核放射医学影像（Radiology Nuclear Medicine Medical Imaging）	1038	1.904
24	神经科学（Neurosciences）	1022	1.874
25	光学（Optics）	1012	1.856
26	电化学（Electrochemistry）	946	1.735
27	计算机科学-信息系统（Computer Science Information Systems）	941	1.726
28	免疫学（Immunology）	939	1.722
29	皮肤病学（Dermatology）	913	1.674
30	物理多学科（Physics Multidisciplinary）	907	1.663
31	高分子科学（Polymer Science）	904	1.658
32	冶金矿冶工程（Metallurgy Metallurgical Engineering）	876	1.607
33	微生物学（Microbiology）	841	1.542
34	药用化学（Chemistry Medicinal）	826	1.515
35	心脏心血管系统（Cardiac Cardiovascular Systems）	824	1.511
36	普通内科医学（Medicine General Internal）	808	1.482
37	医学实验研究（Medicine Research Experimental）	765	1.403
38	分析化学（Chemistry Analytical）	764	1.401

续表

排名	学科领域	论文数量（篇）	百分比（%）
39	仪器仪表（Instruments Instrumentation）	733	1.344
40	植物学（Plant Sciences）	705	1.293
41	土木工程（Engineering Civil）	691	1.267
42	生物物理学（Biophysics）	685	1.256
43	应用数学（Mathematics Applied）	675	1.238
44	数学（Mathematics）	662	1.214
45	移植（Transplantation）	624	1.144
46	生物医药工程（Engineering Biomedical）	606	1.111
47	有机化学（Chemistry Organic）	576	1.056
48	泌尿肾脏病（Urology Nephrology）	558	1.023
49	力学（Mechanics）	557	1.022
50	生物化学研究方法（Biochemical Research Methods）	528	0.968

六、2010—2014 年论文研究重点领域

韩国在 2010—2014 年共发表 SCI 文 264699 篇，其 Top50 研究领域如表 5-6 所示。从前 50 个领域的分布可以看出，韩国排名前 20 的研究领域是材料科学多学科、应用物理、化学多学科、电气电子工程、生物化学-分子生物学、纳米科学与纳米技术、物理化学、凝聚态物理、肿瘤学、外科、药理学、生物技术-应用微生物、临床神经病学、细胞生物学、通信、工程化学、肝病、胃肠病、食品科学技术、心脏心血管系统、物理多学科等领域。

表 5-6　韩国 2010—2014 年 SCI 论文 Top50 研究领域

序号	Web of Science 分类	发文数量（篇）	百分比（%）
1	材料科学多学科（Materials Science Multidisciplinary）	25784	9.741
2	应用物理（Physics Applied）	21226	8.019
3	化学多学科（Chemistry Multidisciplinary）	18369	6.94
4	电气电子工程（Engineering Electrical Electronic）	16235	6.133
5	生物化学-分子生物学（Biochemistry Molecular Biology）	12166	4.596

续表

序号	Web of Science 分类	发文数量（篇）	百分比（%）
6	纳米科学与纳米技术（Nanoscience Nanotechnology）	11663	4.406
7	物理化学（Chemistry Physical）	11498	4.344
8	凝聚态物理（Physics Condensed Matter）	9694	3.662
9	肿瘤学（Oncology）	9545	3.606
10	外科（Surgery）	9532	3.601
11	药理学（Pharmacology Pharmacy）	8567	3.237
12	生物技术-应用微生物（Biotechnology Applied Microbiology）	7220	2.728
13	临床神经病学（Clinical Neurology）	7193	2.717
14	细胞生物学（Cell Biology）	6211	2.346
15	通信（Telecommunications）	6041	2.282
16	工程化学（Engineering Chemical）	5848	2.209
17	肝病、胃肠病（Gastroenterology Hepatology）	5704	2.155
18	食品科学技术（Food Science Technology）	5686	2.148
19	心脏心血管系统（Cardiac Cardiovascular Systems）	5469	2.066
20	物理多学科（Physics Multidisciplinary）	5385	2.034
21	机械工程（Engineering Mechanical）	5280	1.995
22	光学（Optics）	5198	1.964
23	神经科学（Neurosciences）	5198	1.964
24	核放射医学影像（Radiology Nuclear Medicine Medical Imaging）	5143	1.943
25	高分子科学（Polymer Science）	5018	1.896
26	燃料（Energy Fuels）	4811	1.818
27	电化学（Electrochemistry）	4635	1.751
28	环境科学（Environmental Sciences）	4571	1.727
29	免疫学（Immunology）	4563	1.724
30	冶金矿冶工程（Metallurgy Metallurgical Engineering）	4485	1.694
31	药用化学（Chemistry Medicinal）	4261	1.61
32	微生物学（Microbiology）	4225	1.596
33	普通内科医学（Medicine General Internal）	4107	1.552
34	多学科（Multidisciplinary Sciences）	3891	1.47
35	计算机科学-信息系统（Computer Science Information Systems）	3853	1.456
36	植物学（Plant Sciences）	3767	1.423

续表

序号	Web of Science 分类	发文数量（篇）	百分比（%）
37	分析化学（Chemistry Analytical）	3673	1.388
38	皮肤病学（Dermatology）	3623	1.369
39	应用数学（Mathematics Applied）	3522	1.331
40	数学（Mathematics）	3506	1.325
41	医学实验研究（Medicine Research Experimental）	3466	1.309
42	仪器仪表（Instruments Instrumentation）	3374	1.275
43	生物物理学（Biophysics）	3265	1.233
44	土木工程（Engineering Civil）	3231	1.221
45	有机化学（Chemistry Organic）	2858	1.08
46	代谢内分泌学（Endocrinology Metabolism）	2745	1.037
47	泌尿肾脏病（Urology Nephrology）	2729	1.031
48	生物化学研究方法（Biochemical Research Methods）	2715	1.026
49	天文天体物理学（Astronomy Astrophysics）	2686	1.015
50	力学（Mechanics）	2656	1.003

选择每年发文数 Top20 的研究领域，对其赋权重，赋权方法为：某一年发文数 Top1 的研究领域被认为是最为重点发展的领域，赋权为 20；Top2 的研究领域赋权为 19，依此类推，Top20 的研究领域赋权为 1。筛选近五年总体发文权重排 Top20 及每年发文权重排 Top20 的研究领域共 26 个，若某领域在某一年没有进入前 20 名，则赋权为 0。图 5-1 所示为韩国 2010—2014 年 SCI 论文重点领域权重变化。

从图 5-1 中可看出，近年来，材料科学多学科、应用物理、电气电子工程、化学多学科及生物化学-分子生物学一直都是韩国论文的重点领域；外科、纳米科学与纳米技术及生物技术-应用微生物是近两年发展最快的重点研究领域，其中综合性学科 2014 年的上升最明显。机械工程、燃料近两年才进入前 20 名。

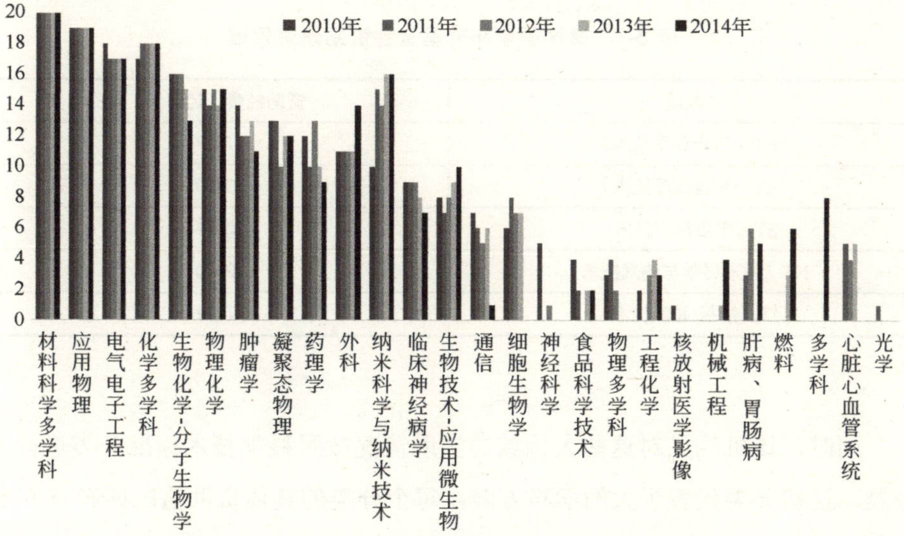

图 5-1　韩国 2010—2014 年 SCI 论文重点领域权重变化

（本图彩图请参见本书最后插图）

第二节　韩国科技项目资助重点领域

一、国家研究基金会项目资助研究领域[1]

韩国国家研究基金会（NRF，原韩国科学与工程基金会 KOSEF）隶属于韩国科技部，是政府支持的非营利性组织，其主要活动领域是资助科学研究、资助培养科学人才、开展学术活动、促进国际合作、支持大学和工业界的合作和改善科研环境。2013 年，该机构分别对生命科学技术、纳米科学与纳米技术、环境能源技术、宇宙航空技术、情报/通信技术等大领域进行了资助，

1 http://www.nrf.re.kr/nrf_tot_cms/index.jsp?pmi-sso-return2=none。

具体资助金额如表 5-7 所示。

表 5-7 韩国国家研究基金会资助研究领域

领域	资助经费（亿韩元）
BT（生命科学技术）	7087
ET（环境能源技术）	3790
ST（宇宙航空技术）	2644
NT（纳米科学与纳米技术）	2390
IT（情报/通信技术）	1974

同时，该机构又对这些大领域的资助情况按照科学技术标准分类进行了分类，这些分类代表了大的学科方向，每个分类的具体资助情况如表 5-8 和表 5-9 所示。

表 5-8 韩国国家研究基金会资助情况

研究领域	资助项目数量（个）	资助经费（百万韩元）
保健医疗	2549	208148
生命科学	1580	149561
情报/通信	1007	71675
物理	706	72870
机械	705	67724
化学	683	67714
建设/交通	656	51018
农林水产食品	654	45594
数学	576	38373
电/电子	566	48958
材料	408	42185
化工	380	36367
地球科学	242	22792
能源	228	24485
环境	187	13266
科学技术与人文社会	29	15470

续表

研究领域	资助项目数量（个）	资助经费（百万韩元）
核能	26	3894
其他	363	28577
合计	11545	1008674

表 5-9 韩国国家研究基金会资助金额

研究领域	研究方向	资助项目数量(个)	资助经费（百万韩元）
能源	核能	294	44700
生命科学	生物医疗技术开发	213	126102
计算机科学/通信	尖端融合技术开发	63	45100
气候变化与环境	气候变化应对技术开发事业	48	45382
综合	全球前沿研究开发	43	77000
纳米科学与纳米技术/材料	纳米材料技术开发	42	25119
保健医疗	脑科学原始技术开发	29	9110
海洋学/生命科学	海洋生物基础原始技术开发	15	5923
公共安全/环境	公共福利安全环境构建	14	14774
安全/环境	研究室安全环境构建	9	3823
计算机科学/通信	下一代通信，计算技术开发	5	6100
社会/工业技术	社会问题解决型技术开发事业	4	7000
纳米科学与纳米技术	纳米融合 2020	1	3320
航天航空	人造卫星与发射	—	223500

综合资助项目和资助金额，韩国国家研究基金会在保健医疗、生命科学、情报通信领域的投入最大。能源技术领域对核能的项目投入很大；在生命科学技术领域，主要支持生物医疗技术开发、脑科学原始技术开发、海洋生物基础原始技术开发等领域；在纳米科学与纳米技术领域，主要支持纳米材料技术的研发，同时寻求纳米科学与纳米技术与其他技术的融合研究；在宇宙航空技术领域，在人造卫星的研究和发射领域投入大量的资金；在环境科学领域，则在气候变化应对技术研发、公共安全环境、研究室安全环境领域投

入较大；在情报/通信技术领域，主要关注尖端融合技术及下一代通信计算技术的开发。

二、未来创造科学部项目资助研究领域[1]

2013 年，韩国新政府对原科技和产业管理政府部门进行了改组，组建了未来创造科学部。其宗旨是集约科技资源，发挥科技创新想象力，为建设先导型创造经济社会提供有力支撑，其目的是促进韩国经济发展，创造更好的就业岗位。2013 年，该部门资助了核能、生物医疗技术、尖端融合技术、气候变化应对技术、纳米材料技术、脑科学原始技术、公共福利安全环境构建、海洋生物基础技术、计算技术开发、研究室安全环境构建等技术科学领域的研究，具体的资助研究领域如表 5-10 所示。

表 5-10　韩国未来创造科学部 2013 年资助研究领域

学科	研究领域	资助项目数量（个）	资助经费（百万韩元）
能源	核能	542	265771
生命科学技术	生物医疗技术开发	513	131102
工业技术	尖端融合技术开发	292	105100
气候变化与环境	气候变化应对技术开发	163	45700
综合	全球前沿研究开发	156	77000
材料科学，纳米科学与纳米技术	纳米材料技术开发	86	27119
保健医疗	脑科学原始技术开发	75	9110
公共安全，环境	公共福利安全环境构建	56	14774
海洋学，生命科学	海洋生物基础原始技术	33	6000
计算机科学/通信	下一代通信，计算技术开发	24	6100
安全，环境	研究室安全环境构建	9	3840
纳米科学与纳米技术	纳米融合 2020	1	3320
合计		1408	429165

1 http://www.nrf.re.kr/nrf_tot_cms/index.jsp?pmi-sso-return2=none。

2014 年，未来创造科学部继续设立了科学技术振兴基金、核能源研究开发基金、广播通信发展基金、信息通信振兴基金等研究基金，用于支持核能源、广播通信、信息通信等韩国的重点发展领域的研究，具体资助研究领域如表 5-11 所示。

表 5-11 韩国未来创造科学部 2014 年资助研究领域

基金	研究领域	资助经费（亿韩元）
信息通信振兴基金	信息通信	12107
广播通信发展基金	广播通信	10785
科学技术振兴基金	综合	5083
核能源研究开发基金	核能源	2494

比较未来创造科学部和韩国国家研究基金会的资助领域，发现结果大同小异，由此可以看出这些领域是韩国的主要发展领域，两大机构都对这些领域进行了有效的支持。

三、韩国科技项目资助研究领域

无论韩国国家研究基金会，还是未来创造科学部，都重点支持了韩国核能的发展，这和韩国的能源结构有巨大的关系。韩国是能源消费大国，然而韩国自身能源匮乏，所以韩国很重视核能的发展，是世界第五大核电生产国，其目前拥有 23 个核反应堆，总共十亿瓦电功率的装机容量，这是韩国全国电力装机容量的 22%，同时韩国政府计划到 2035 年将核电的装机容量增加到全国电力装机容量的 29%[1]。

1 http://baike.baidu.com/link?url=OTNcORF80BMQkA8qVVrkXqURt-dX8K5f9HCHAIl5PlaJKEz7kgJBTkUOEQlxw9MV0hSd1QbYNfKJso5PvajHza2uueylsHoMpMllrWLVG07。

①在生命科学技术领域，主要支持生物医疗技术开发、脑科学技术开发、海洋生物技术开发等领域；②在纳米科学与纳米技术领域，主要支持纳米材料技术的研发，同时寻求纳米科学与纳米技术与其他技术的融合研究；③在宇宙航空技术领域，在人造卫星的研究和发射领域投入大量的资金；④在环境科学领域，则在气候变化应对技术研发、公共安全环境、研究室安全环境领域投入较大；⑤在情报/通信技术领域，主要关注尖端融合技术及下一代通信计算技术的开发。这些领域都是韩国的主要发展领域。

第三节　韩国科技战略规划重点领域

韩国国家科学技术委员会于 2010 年 10 月公布的《大韩民国的梦想与挑战：科学技术未来愿景与战略》提出了韩国面向 2040 年的中长期科技发展战略，该战略在对国际环境和国内环境变化进行分析的基础上，提出了将韩国支柱产业从目前的半导体、汽车、造船与信息通信业转型为 2040 年的生物制药、新材料、清洁能源和机器人产业。同时，该战略遴选出了可再生能源技术、气候变化监测与技术等技术的未来实现时间[1]。

韩国政府把科技发展视为实现创造型经济的关键驱动力量。2013 年 7 月，韩国政府发布《第三期科学技术基本计划》，该计划提出将在 5 个领域推进 120 项国家战略技术（含 30 项重点技术）的开发。五大领域包括：融合信息技术并创造新产业，扩充未来增长动力，营造清洁舒适环境，开创健康长寿时代，构建安全无忧社会。其中，重点发展领域如表 5-12 所示[2]。

1 http://nstc.go.kr/index.html。

2 http://www.xzbu.com/1/view-5719615.htm。

表 5-12 韩国《第三期科学技术基本计划》重点发展领域

序号	技术领域	序号	技术领域
1	知识信息安全技术	16	定制型新药开发技术
2	大数据应用技术	17	遗传基因资源技术
3	下一代有线及无线通信网络技术	18	粮食资源保存及食品开发技术
4	融合服务平台技术	19	宇宙火箭开发技术
5	智能交互技术	20	高附加值船舶技术
6	尖端轨道交通技术	21	二氧化碳捕集、封存及利用技术
7	先进材料技术	22	污染治理技术
8	超高集成半导体工艺和设备	23	高能效建筑技术
9	超精密显示器工艺和设备	24	未来尖端城市建设技术
10	环境友好型汽车	25	干细胞技术
11	太阳能技术	26	健康管理服务技术
12	智能电网技术	27	自然灾害监控、预测及应对技术
13	人体医学成像设备	28	复合型社会灾难预测及应对技术
14	生物芯片技术	29	农畜水产资源疾病预防、应对及治疗技术
15	服务型机器人技术	30	食品安全评估及提高技术

2014 年 4 月 23 日，韩国国家科学技术审议会通过了由未来创造科学部牵头制定的国家重点科学技术战略路线图，描绘了未来 10 年以下五大领域共 30 项技术的发展蓝图：①以信息技术为基础的新兴产业领域：包括信息安全、大数据、下一代半导体、智能汽车等 8 项技术；②未来成长动力领域：包括生物能源、医疗设备、服务机器人、高附加值船舶、下一代能源储存设备、下一代材料等 7 项技术；③环境领域：包括减少温室气体排放、环境综合监测与管理、污染控制与治理、智能生态建筑、废物利用等 6 项技术；④健康与长寿领域：包括定制型新药开发、干细胞、远程医疗保健服务等 5 项技术；⑤社会保障领域：包括遗传应用技术、自然灾害监测、预测与应对技术等 4 项技术。韩国在确定政府研发计划年度投资方向，分配和调整政府各部委每年约 18 万亿韩元（约合 1100 亿元人民币）研发预算，以及规划跨部委的联

合计划时将充分利用该路线图，以战略性和系统性地保障国家重点科学技术的发展，并提高政府研发计划的投资效率[1]。

韩国科学、信息通信技术和未来规划部于2014年发布了信息通信技术研究与发展长期战略——“ICT Wave”，计划投入8.5万亿韩元（80亿美元）用于全息图像，数字内容2.0，智能软件，物联网平台，大数据，云技术，5G移动通信技术，智能网络，Hyper网，未来广告，交互式创新教育，对小型企业的数字支持，用户可选择的现实广播，无人驾驶汽车，下一代智能工作，网络攻击的实时响应，使用智能闭路电视来监测和防止犯罪等技术的研发和服务[2]。

2014年10月，韩国政府发布了一项3D打印技术10年规划，以推动和发展3D打印技术，使之成为新兴增长市场，并帮助制造业部门实现转型[3]。

韩国《第三期科学技术基本计划》把韩国战略推进的五大领域总结为：融合信息技术并创造新产业，扩充未来增长动力，营造清洁舒适环境，开创健康长寿时代和构建安全无忧社会。这五大领域成为韩国未来科学技术研发的重要方向和目标。综合分析《大韩民国的梦想与挑战：科学技术未来愿景与战略》的战略部署、《第三期科学技术基本计划》的技术布局及2014年系列战略的规划，韩国的战略规划重点领域包括以下方面。

（1）融合信息技术并创造新产业：包括知识信息安全技术、大数据应用技术、下一代有线及无线通信网络技术、超高集成半导体工艺和设备、智能汽车、融合服务平台技术、智能交互技术、超精密显示器工艺和设备等技术、物联网平台、云技术。

（2）扩充未来增长动力：包括生物能源、太阳能技术、智能电网技术、尖端轨道交通技术、环境友好型汽车、医疗设备、服务机器人、高附加值船

---

1 http://www.msip.go.kr。

2 http://www.businesskorea.co.kr/article/2029/%E2%80%9Cict-wave%E2%80%9D-korean-government-invests-85t-won-ict-research-and-development-strategy。

3 http://english.yonhapnews.co.kr/business/2014/07/16/98/0501000000AEN20140716004600320F.html。

舶、下一代能源储存设备、先进材料技术、3D 打印技术等技术。

（3）营造清洁舒适环境：包括二氧化碳捕集、封存及利用技术，减少温室气体排放，环境综合监测与管理，污染控制与治理，智能生态建筑，废物利用等技术。

（4）开创健康长寿时代：包括定制型新药开发、干细胞、远程医疗保健服务、健康管理服务技术、农畜水产资源疾病预防、应对及治疗技术等。

（5）构建安全无忧社会：包括粮食资源保存及食品开发技术，食品安全评估及提高技术，生物芯片技术，遗传应用技术，自然灾害监测，预测与应对技术，宇宙火箭开发技术，未来尖端城市建设技术等技术。

第四节 韩国科技发展遴选重点领域

综合分析 2010—2014 年韩国的 SCI 论文研究重点领域、2014 年科技项目资助重点领域，以及科技战略规划重点领域得到的重点领域，按照遴选指标的权重进行计算，基于分值的高低，遴选出韩国科技发展的 Top10 重点领域，如表 5-13 所示。

表 5-13 韩国科技发展的 Top10 重点领域

单位：分

一级指标	学科（25%）			科研资助（35%）		产业社会（40%）		合计
二级指标	学科规模（10%）	影响力（12.5%）	专家判断（2.5%）	项目数（15%）	经费（20%）	当前（25%）	预测（15%）	
生物医疗	7	12	2	15	20	23	14	93
环境友好型汽车	9	11	2.5	11	16	25	15	89.5
新材料	10	9	2.5	12	17	24	14	88.5
脑认知科学	6	12.5	2	14	19	22	13	88.5
人工智能与机器人	9	7	2	12	17	25	15	87

续表

一级指标	学科（25%）			科研资助（35%）		产业社会（40%）		合计
二级指标	学科规模（10%）	影响力（12.5%）	专家判断（2.5%）	项目数（15%）	经费（20%）	当前（25%）	预测（15%）	
智能电网	9	9	2	12	17	24	14	87
大数据应用	5	6	2	14	19	25	15	86
气候变化与应对	5	10	2.5	12	17	24	15	85.5
农畜水产疾病防治	6	8	2	13	18	24	14	85
3D 打印	5	7	2	10	15	23	14	76

（1）生物医疗：生物技术在疫苗、疾病诊断、生物制药、基因治疗、人类基因组计划等医疗领域的应用。生物技术对一些医疗疾病带来了光明，韩国历任政府都重视生物医疗技术的发展建设。2013 年，韩国国家研究基金会和未来科学创造部都把生物医疗技术领域作为支持领域，国家研究基金会支持了该领域 213 个项目，总金额达 126102 百万韩元；未来科学创造部则支持了 513 个项目，总金额达 131102 百万韩元。无论在项目数还是金额方面都占据优势。韩国《第三期科学技术基本计划》更是把生物芯片技术作为未来重点发展的技术。

（2）环境友好型汽车：使用清洁能源动力的汽车，节能环保是其重要优点，在传统能源短缺、清洁能源高速发展的今天，积极发展环境友好型汽车是环境保护的需要，所以环境友好型汽车激起了各国的研究热情。韩国作为一个能源短缺同时能源需求量较大的国家，无论从公共交通政策层面还是技术研发层面，都对环境友好型汽车给予了重大的支持。韩国国家科学技术委员会于 2010 年 10 月公布的《大韩民国的梦想与挑战：科学技术未来愿景与战略》把清洁能源发展作为 2014 年重要发展方向，韩国《第三期科学技术基本计划》同时把环境友好型汽车作为未来重点发展技术。

（3）新材料：新近发展的或正在研发的、性能超群的一些材料，具有比传统材料更为优异的性能。新材料技术则是按照人的意志，通过物理研究、材料设计、材料加工、试验评价等一系列研究过程，创造出能满足各种需要的新型材料的技术[1]。材料创新已成为推动人类文明进步的重要动力之一，也促进了技术的发展和产业的升级。2013 年，韩国国家研究基金会在材料领域的资助项目达到 408 个，资助经费达到 42185 百万韩元；同时，韩国《大韩民国的梦想与挑战：科学技术未来愿景与战略》和《第三期科学技术基本计划》都把先进新材料作为韩国的重点发展领域。韩国新材料技术领域也获得了足量的科研产出，在 2010—2014 年，韩国发文量最多的是材料学科领域。

（4）脑认知科学及认知神经科学：阐明认知活动的脑机制，即人类大脑如何调用其各层次上的组件，包括分子、细胞、脑组织区和全脑去实现各种认知活动[2]。这一领域的发展将会对整个科学的发展起到巨大的推动作用，全球科学都对这个科学方向投入了巨大热情，韩国国家研究基金会和未来科学创造部在 2013 年都重点支持了该领域。

（5）人工智能与机器人：计算机科学的一个分支，它企图了解智能的实质，并生产出一种新的能以人类智能相似的方式做出反应的智能机器，该领域的研究包括机器人、语言识别、图像识别、自然语言处理和专家系统等[3]。韩国《大韩民国的梦想与挑战：科学技术未来愿景与战略》拟到 2040 年将机器人产业发展为韩国的支柱产业，韩国的《第三期科学技术基本计划》及国家重点科学技术战略路线图把服务机器人作为 30 项韩国重要发展技术之一，人工智能方向也是韩国发文的重点研究领域。

（6）智能电网：电网的智能化（智电电力），也被称为“电网 2.0”，它是建立在集成的、高速双向通信网络的基础上，通过先进的传感和测量技术、先进的设备技术、先进的控制方法及先进的决策支持系统技术的应用，实现电网的可靠、安全、经济、高效、环境友好和使用安全的目标，其主要特征

---

1 http://www.baidu.com/#ie=utf-8&f=8&rsv_bp=1&rsv_idx=1&tn=baidu&wd=%E6%96%B0%E6%9D%90%E6%96%99&rsv_pq=ad01414f000b6102&rsv_t=891ckKQtxt9ty3AffjzcoYXDOv4WEB2nygYJyTOxlTNoAD2sDHgGo43Ez44&rsv_enter=1&rsv_sug3=3&rsv_sug4=47&rsv_sug1=1&rsv_sug2=0&inputT=1826&rsv_sug=2。

2 http://baike.baidu.com/link?url=6CqIoG_fq55j_tojc1fcayL7cVa3SrDgjt_67zjPOqijSLT_ZzUXiAzv5ldzKWy763tbQ5nyHC1mglw6slqbyK。

3 http://baike.baidu.com/link?url=plJeo4mvBSfjXF3feE_kY9DirhwasuQNEUO7s5txx_k6tuSz2Km053nCQ56ks56NEbQ6CFYXECnQyMS8VijyD_。

包括自愈、激励、抵御攻击、提供满足 21 世纪用户需求的电能质量、容许各种不同发电形式的接入、启动电力市场及资产的优化高效运行[1]。智能电网建设对于应对全球气候变化，促进世界经济社会可持续发展具有重要作用。韩国《第三期科学技术基本计划》把智能电网列为重点发展技术。

（7）大数据应用（Big Data）：指超出传统数据库系统处理能力的数据。数据规模和传输速度要求很高，或者其结构不适合原本的数据库系统。大数据中隐藏着有价值的模式和信息，其对现代经济、政治、文化生活都将产生巨大的变化，其在实现“智慧城市”、保障国民安全、促进医疗体系革新发展方面发挥着不可替代的作用[2]。韩国有着先进的科学研发能力，IT 电子行业在世界排名居前，同时，韩国作为亚洲科技发达国家，对大数据相关应用技术进行了国家层面的部署。韩国《第三期科学技术基本计划》及国家重点科学技术战略路线图都把大数据技术作为可以创造新产业的新技术给予巨大支持。韩国科学、信息通信技术和未来规划部于 2014 年发布了信息通信技术研究与发展长期战略——“ICT Wave”，在大数据领域也部署大量资金支持。

（8）气候变化与应对：当前国际社会普遍关注重大全球性问题，气候变化给自然生态系统和经济社会发展带来了全方位的严重影响，这种影响还将持续相当长的时间，并且可能趋于恶化，甚至给人类社会带来严重后果，已经成为全球可持续发展面临的最严峻挑战之一。采取积极措施应对气候变化符合全人类的共同利益，也是国际社会的共同责任。韩国政府无论在项目支持还是战略规划方面都对气候变化应对给予了高度的重视。

（9）农畜水产疾病防治：农畜水产是农业的重要组成部分，疾病是影响农畜水产产量的重要因素，同时也是关乎人类食用安全的重要影响因素。综合防治就是利用自然控制，协调运用一切适当的技术，把农畜水产的疾病控制在允许水平界限下。韩国《第三期科学技术基本计划》把开创健康长寿时

---

1 http://baike.baidu.com/link?url=bGKRZC86_b0OIsMPpUJDBAjKJOGo02CRmq_ Ikd8B08PmYHH45gzRStxetLtuhSFMba1XRUgQtJSJTy9nj_Lw6K。

2 罗梓超，吕志坚. 韩国大数据发展及应用分析，全球科技经济瞭望［J］. 2014（3）：237。

代作为重要施政目标，把农畜水产疾病防治列为重点发展技术之一。

（10）3D 打印：是快速成型技术的一种，它是一种以数字模型文件为基础，运用粉末状金属或塑料等可黏合材料，通过逐层打印的方式来构造物体的技术。该技术在珠宝、鞋类、工业设计、建筑、工程和施工（AEC）、汽车，航空航天、牙科和医疗产业、教育、地理信息系统、土木工程、枪支及其他领域都有所应用[1]。2014 年 11 月末，3D 打印技术被《时代》周刊评选为 2014 年 25 项年度最佳发明[2]，各国都对 3D 打印技术投入极大热情。2014 年 10 月，韩国政府发布了一项 3D 打印技术 10 年规划，以推动和发展 3D 打印技术，使之成为新兴增长市场，并帮助制造业部门实现转型。

1 http://baike.baidu.com/link?url=zMx451Mx5sBjkBQ_JtVax2CwqvvHU2CkhA8xCthYYZ5xU7ytDF9O3i6T3cTGEB0kNAONPggAzxwx19LcAnysna。

2 http://baike.baidu.com/link?url=zMx451Mx5sBjkBQ_JtVax2CwqvvHU2CkhA8xCthYYZ5xU7ytDF9O3i6T3cTGEB0kNAONPggAzxwx19LcAnysna。

第六章
Chapter 6

欧盟重点领域分析与遴选

第一节　欧盟科技论文研究重点领域

通过检索欧盟近五年来被SCI收录的发文，对比发文的Web of Science 类别的年度分布，分析欧盟在过去五年中从事科学研究的重点领域。

一、2010 年论文研究领域

欧盟 2010 年 SCI 收录的发文总数为 519524 篇，主要研究领域为生物化学-分子生物学、肿瘤学、神经科学、外科、材料科学多学科、药理学、临床神经病学、物理化学、心脏心血管系统、化学多学科等。欧盟 2010 年 SCI 论文 Top50 研究领域如表 6-1 所示。

表 6-1　欧盟 2010 年 SCI 论文 Top50 研究领域

排名	学科领域	论文数量（篇）	百分比(%)
1	生物化学-分子生物学（Biology）	22813	4.39
2	肿瘤学（Oncology）	22231	4.28
3	神经科学（Neurosciences）	19114	3.68
4	外科（Surgery）	16956	3.26
5	材料科学多学科（Materials Science Multidisciplinary）	16928	3.26
6	药理学（Pharmacology Pharmacy）	16791	3.23
7	临床神经病学（Clinical Neurology）	16319	3.14
8	物理化学（Chemistry Physical）	15966	3.07
9	心脏心血管系统（Cardiac Cardiovascular Systems）	15014	2.89
10	化学多学科（Chemistry Multidisciplinary）	13838	2.66
11	电气电子工程（Engineering Electrical Electronic）	13478	2.59

续表

排名	学科领域	论文数量（篇）	百分比(%)
12	免疫学（Immunology）	13430	2.59
13	普通内科医学（Medicine General Internal）	12906	2.48
14	应用物理（Physics Applied）	12777	2.46
15	细胞生物学（Cell Biology）	12108	2.33
16	血液学（Hematology）	12045	2.32
17	环境科学（Environmental Sciences）	11528	2.22
18	代谢内分泌学（Endocrinology Metabolism）	11148	2.15
19	精神病学（Psychiatry）	10306	1.98
20	遗传学（Genetics Heredity）	9722	1.87
21	生物技术-应用微生物（Biotechnology Applied Microbiology）	9670	1.86
22	放射核医学影像（Radiology Nuclear Medicine Medical Imaging）	9656	1.86
23	凝聚态物理（Physics Condensed Matter）	9597	1.85
24	外周血管疾病（Peripheral Vascular Disease）	9228	1.78
25	儿科（Pediatrics）	8972	1.73
26	数学（Mathematics）	8886	1.71
27	天文天体物理学（Astronomy Astrophysics）	8841	1.70
28	肝病、胃肠病（Gastroenterology Hepatology）	8614	1.66
29	数学应用（Mathematics Applied）	8581	1.65
30	公共环境职业健康（Public Environmental Occupational Health）	8319	1.60
31	微生物学（Microbiology）	8289	1.60
32	物理多学科（Physics Multidisciplinary）	7768	1.50
33	地球科学多学科（Geosciences Multidisciplinary）	7694	1.48
34	多学科科学（Multidisciplinary Sciences）	7677	1.48
35	分析化学（Chemistry Analytical）	7453	1.44
36	光学（Optics）	7413	1.43
37	医学实验研究（Medicine Research Experimental）	7346	1.41
38	植物学（Plant Sciences）	7290	1.40
39	化学工程（Engineering Chemical）	7223	1.39
40	食品科学技术（Food Science Technology）	7013	1.35
41	原子分子化学物理（Physics Atomic Molecular Chemical）	6944	1.34
42	传染病（Infectious Diseases）	6802	1.31

续表

排名	学科领域	论文数量（篇）	百分比(%)
43	妇产科学（Obstetrics Gynecology）	6782	1.31
44	生物物理学（Biophysics）	6740	1.30
45	泌尿肾脏病（Urology Nephrology）	6711	1.29
46	生态学（Ecology）	6698	1.29
47	有机化学（Chemistry Organic）	6692	1.29
48	生物化学研究方法（Biochemical Research Methods）	6565	1.26
49	兽医学（Veterinary Sciences）	6427	1.24
50	纳米科学与纳米技术（Nanoscience Nanotechnology）	6067	1.17

二、2011 年论文研究领域

欧盟 2011 年 SCI 收录的发文总数为 541927 篇，主要研究领域为生物化学-分子生物学、肿瘤学、神经科学、材料科学多学科、药理学、外科、物理化学、临床神经病学、心脏心血管系统、化学多学科等。欧盟 2011 年 SCI 论文 Top50 研究领域如表 6-2 所示。

表 6-2　欧盟 2011 年 SCI 论文 Top50 研究领域

排名	学科领域	论文数量（篇）	百分比(%)
1	生物化学-分子生物学（Biology）	21937	4.05
2	肿瘤学（Oncology）	20942	3.86
3	神经科学（Neurosciences）	19063	3.52
4	材料科学多学科（Materials Science Multidisciplinary）	18737	3.46
5	药理学（Pharmacology Pharmacy）	17957	3.31
6	外科（Surgery）	17945	3.31
7	物理化学（Chemistry Physical）	16694	3.08
8	临床神经病学（Clinical Neurology）	16240	3.00
9	心脏心血管系统（Cardiac Cardiovascular Systems）	15712	2.90
10	化学多学科（Chemistry Multidisciplinary）	15395	2.84
11	电气电子工程（Engineering Electrical Electronic）	13935	2.57

续表

排名	学科领域	论文数量（篇）	百分比（%）
12	应用物理（Physics Applied）	13900	2.57
13	免疫学（Immunology）	13462	2.48
14	环境科学（Environmental Sciences）	13046	2.41
15	普通内科医学（Medicine General Internal）	12627	2.33
16	细胞生物学（Cell Biology）	12113	2.24
17	代谢内分泌学（Endocrinology Metabolism）	11109	2.05
18	精神病学（Psychiatry）	10873	2.01
19	多学科科学（Multidisciplinary Sciences）	10757	1.99
20	血液学（Hematology）	10713	1.98
21	放射核医学影像（Radiology Nuclear Medicine Medical Imaging）	9776	1.80
22	凝聚态物理（Physics Condensed Matter）	9434	1.74
23	肝病、胃肠病（Gastroenterology Hepatology）	9398	1.73
24	天文天体物理学（Astronomy Astrophysics）	9367	1.73
25	数学（Mathematics）	9230	1.70
26	生物技术-应用微生物（Biotechnology Applied Microbiology）	9176	1.69
27	外周血管疾病（Peripheral Vascular Disease）	9079	1.68
28	微生物学（Microbiology）	9004	1.66
29	公共环境职业健康（Public Environmental Occupational Health）	8988	1.66
30	遗传学（Genetics Heredity）	8909	1.64
31	数学应用（Mathematics Applied）	8724	1.61
32	物理多学科（Physics Multidisciplinary）	8528	1.57
33	地球科学多学科（Geosciences Multidisciplinary）	8061	1.49
34	植物学（Plant Sciences）	7894	1.46
35	光学（Optics）	7714	1.42
36	化学工程（Engineering Chemical）	7627	1.41
37	儿科（Pediatrics）	7537	1.39
38	分析化学（Chemistry Analytical）	7525	1.39
39	皮肤病学（Dermatology）	7412	1.37
40	泌尿肾脏病（Urology Nephrology）	7314	1.35
41	食品科学技术（Food Science Technology）	7278	1.34
42	传染病（Infectious Diseases）	7211	1.33

续表

排名	学科领域	论文数量（篇）	百分比（%）
43	医学实验研究（Medicine Research Experimental）	7204	1.33
44	生物化学研究方法（Biochemical Research Methods）	7181	1.33
45	妇产科学（Obstetrics Gynecology）	7141	1.32
46	生态学（Ecology）	7093	1.31
47	原子分子化学物理（Physics Atomic Molecular Chemical）	7019	1.30
48	纳米科学与纳米技术（Nanoscience Nanotechnology）	6946	1.28
49	有机化学（Chemistry Organic）	6573	1.21
50	呼吸系统（Respiratory System）	6553	1.21

三、2012 年论文研究领域

欧盟 2012 年 SCI 收录的发文总数为 560282 篇，主要研究领域为生物化学-分子生物学、肿瘤学、神经科学、材料科学多学科、临床神经病学、药理学、外科、化学多学科、物理化学、心脏心血管系统等。欧盟 2012 年 SCI 论文 Top50 研究领域如表 6-3 所示。

表 6-3　欧盟 2012 年 SCI 论文 Top50 研究领域

排名	学科领域	论文数量（篇）	百分比（%）
1	生物化学-分子生物学（Biology）	23118	4.13
2	肿瘤学（Oncology）	22070	3.94
3	神经科学（Neurosciences）	20103	3.59
4	材料科学多学科（Materials Science Multidisciplinary）	19026	3.40
5	临床神经病学（Clinical Neurology）	18391	3.28
6	药理学（Pharmacology Pharmacy）	17250	3.08
7	外科（Surgery）	17171	3.07
8	化学多学科（Chemistry Multidisciplinary）	16826	3.00
9	物理化学（Chemistry Physical）	16360	2.92
10	心脏心血管系统（Cardiac Cardiovascular Systems）	16063	2.87
11	多学科科学（Multidisciplinary Sciences）	15642	2.79

续表

排名	学科领域	论文数量（篇）	百分比（%）
12	免疫学（Immunology）	15375	2.74
13	电气电子工程（Engineering Electrical Electronic）	15052	2.69
14	应用物理（Physics Applied）	13899	2.48
15	环境科学（Environmental Sciences）	13642	2.44
16	普通内科医学（Medicine General Internal）	13543	2.42
17	细胞生物学（Cell Biology）	13002	2.32
18	放射核医学影像（Radiology Nuclear Medicine Medical Imaging）	10866	1.94
19	代谢内分泌学（Endocrinology Metabolism）	10755	1.92
20	血液学（Hematology）	10704	1.91
21	精神病学（Psychiatry）	10106	1.80
22	遗传学（Genetics Heredity）	10078	1.80
23	天文天体物理学（Astronomy Astrophysics）	10003	1.79
24	生物技术-应用微生物（Biotechnology Applied Microbiology）	9766	1.74
25	数学（Mathematics）	9652	1.72
26	肝病、胃肠病（Gastroenterology Hepatology）	9649	1.72
27	凝聚态物理（Physics Condensed Matter）	9264	1.65
28	数学应用（Mathematics Applied）	9218	1.65
29	微生物学（Microbiology）	9173	1.64
30	物理多学科（Physics Multidisciplinary）	8793	1.57
31	地球科学多学科（Geosciences Multidisciplinary）	8381	1.50
32	公共环境职业健康（Public Environmental Occupational Health）	8159	1.46
33	泌尿肾脏病（Urology Nephrology）	8110	1.45
34	医学实验研究（Medicine Research Experimental）	8054	1.44
35	植物学（Plant Sciences）	7926	1.42
36	化学工程（Engineering Chemical）	7796	1.39
37	分析化学（Chemistry Analytical）	7657	1.37
38	光学（Optics）	7636	1.36
39	外周血管疾病（Peripheral Vascular Disease）	7570	1.35
40	食品科学技术（Food Science Technology）	7421	1.33
41	纳米科学与纳米技术（Nanoscience Nanotechnology）	7301	1.30
42	兽医学（Veterinary Sciences）	7296	1.30

续表

排名	学科领域	论文数量（篇）	百分比（%）
43	传染病（Infectious Diseases）	7207	1.29
44	生态学（Ecology）	7171	1.28
45	妇产科学（Obstetrics Gynecology）	7151	1.28
46	儿科（Pediatrics）	6876	1.23
47	原子分子化学物理（Physics Atomic Molecular Chemical）	6775	1.21
48	生物化学研究方法（Biochemical Research Methods）	6712	1.20
49	皮肤病学（Dermatology）	6483	1.16
50	有机化学（Chemistry Organic）	6350	1.13

四、2013 年论文研究领域

欧盟 2013 年 SCI 收录的发文总数为 577627 篇，主要研究领域为肿瘤学、生物化学-分子生物学、材料科学多学科、多学科科学、神经科学、外科、心脏心血管系统、物理化学、临床神经病学、化学多学科等。欧盟 2013 年 SCI 论文 Top50 研究领域如表 6-4 所示。

表 6-4　欧盟 2013 年 SCI 论文 Top50 研究领域

排名	学科领域	论文数量（篇）	百分比（%）
1	肿瘤学（Oncology）	22542	3.90
2	生物化学-分子生物学（Biology）	21458	3.72
3	材料科学多学科（Materials Science Multidisciplinary）	19936	3.45
4	多学科科学（Multidisciplinary Sciences）	18884	3.27
5	神经科学（Neurosciences）	18465	3.20
6	外科（Surgery）	18192	3.15
7	心脏心血管系统（Cardiac Cardiovascular Systems）	17426	3.02
8	物理化学（Chemistry Physical）	17031	2.95
9	临床神经病学（Clinical Neurology）	16802	2.91

续表

排名	学科领域	论文数量（篇）	百分比（%）
10	化学多学科（Chemistry Multidisciplinary）	16752	2.90
11	药理学（Pharmacology Pharmacy）	15943	2.76
12	应用物理（Physics Applied）	14780	2.56
13	环境科学（Environmental Sciences）	14527	2.52
14	普通内科医学（Medicine General Internal）	14264	2.47
15	电气电子工程（Engineering Electrical Electronic）	13745	2.38
16	免疫学（Immunology）	13267	2.30
17	代谢内分泌学（Endocrinology Metabolism）	12155	2.10
18	细胞生物学（Cell Biology）	11713	2.03
19	生物技术-应用微生物（Biotechnology Applied Microbiology）	10392	1.80
20	血液学（Hematology）	10150	1.76
21	放射核医学影像（Radiology Nuclear Medicine Medical Imaging）	9979	1.73
22	数学（Mathematics）	9866	1.71
23	外周血管疾病（Peripheral Vascular Disease）	9748	1.69
24	天文天体物理学（Astronomy Astrophysics）	9678	1.68
25	数学应用（Mathematics Applied）	9580	1.66
26	精神病学（Psychiatry）	9263	1.60
27	地球科学多学科（Geosciences Multidisciplinary）	9195	1.59
28	遗传学（Genetics Heredity）	9159	1.59
29	微生物学（Microbiology）	8957	1.55
30	医学实验研究（Medicine Research Experimental）	8642	1.50
31	妇产科学（Obstetrics Gynecology）	8634	1.50
32	凝聚态物理（Physics Condensed Matter）	8631	1.49
33	物理多学科（Physics Multidisciplinary）	8575	1.49
34	化学工程（Engineering Chemical）	8489	1.47
35	公共环境职业健康（Public Environmental Occupational Health）	8273	1.43
36	分析化学（Chemistry Analytical）	7997	1.38
37	植物学（Plant Sciences）	7864	1.36
38	肝病、胃肠病（Gastroenterology Hepatology）	7815	1.35
39	食品科学技术（Food Science Technology）	7666	1.33
40	光学（Optics）	7573	1.31

续表

排名	学科领域	论文数量(篇)	百分比(%)
41	能源燃料（Energy Fuels）	7340	1.27
42	纳米科学与纳米技术（Nanoscience Nanotechnology）	7316	1.27
43	生态学（Ecology）	7302	1.26
44	皮肤病学（Dermatology）	7070	1.22
45	原子分子化学物理（Physics Atomic Molecular Chemical）	6982	1.21
46	生物化学研究方法（Biochemical Research Methods）	6910	1.20
47	传染病（Infectious Diseases）	6844	1.19
48	生物物理学（Biophysics）	6819	1.18
49	泌尿肾脏病（Urology Nephrology）	6646	1.15
50	儿科（Pediatrics）	6635	1.15

五、2014 年论文研究领域

欧盟 2014 年 SCI 收录的发文总数为 503560 篇，主要研究领域为材料科学多学科、生物化学-分子生物学、肿瘤学、神经科学、多学科科学、物理化学、外科、化学多学科、环境科学、心脏心血管系统等。欧盟 2014 年 SCI 论文 Top50 研究领域如表 6-5 所示。

表 6-5　欧盟 2014 年 SCI 论文 Top50 研究领域

排名	学科领域	论文数量(篇)	百分比(%)
1	材料科学多学科（Materials Science Multidisciplinary）	19117	3.80
2	生物化学-分子生物学（Biology）	18074	3.59
3	肿瘤学（Oncology）	17458	3.47
4	神经科学（Neurosciences）	16683	3.31
5	多学科科学（Multidisciplinary Sciences）	16488	3.27
6	物理化学（Chemistry Physical）	16374	3.25
7	外科（Surgery）	15975	3.17
8	化学多学科（Chemistry Multidisciplinary）	14105	2.80
9	环境科学（Environmental Sciences）	13725	2.73

续表

排名	学科领域	论文数量（篇）	百分比（%）
10	心脏心血管系统（Cardiac Cardiovascular Systems）	13706	2.72
11	应用物理（Physics Applied）	13465	2.67
12	临床神经学（Clinical Neurology）	13286	2.64
13	药理学（Pharmacology Pharmacy）	13095	2.60
14	电气电子工程（Engineering Electrical Electronic）	12293	2.44
15	免疫学（Immunology）	12043	2.39
16	普通内科医学（Medicine General Internal）	1150	2.28
17	细胞生物学（Cell Biology）	1045	2.08
18	生物技术-应用微生物（Biotechnology Applied Microbiology）	9741	1.93
19	放射核医学影像（Radiology Nuclear Medicine Medical Imaging）	8654	1.72
20	数学应用（Mathematics Applied）	8527	1.69
21	天文天体物理学（Astronomy Astrophysics）	8457	1.68
22	数学（Mathematics）	8305	1.65
23	血液学（Hematology）	8221	1.63
24	地球科学多学科（Geosciences Multidisciplinary）	7932	1.58
25	精神病学（Psychiatry）	7922	1.57
26	医学实验研究（Medicine Research Experimental）	7769	1.54
27	凝聚态物理（Physics Condensed Matter）	7742	1.54
28	遗传学（Genetics Heredity）	7724	1.53
29	微生物学（Microbiology）	7691	1.53
30	代谢内分泌学（Endocrinology Metabolism）	7657	1.52
31	能量燃料（Energy Fuels）	7426	1.48
32	化学工程（Engineering Chemical）	7414	1.47
33	植物学（Plant Sciences）	7267	1.44
34	纳米科学与纳米技术（Nanoscience Nanotechnology）	7248	1.44
35	分析化学（Chemistry Analytical）	6938	1.38
36	物理多学科（Physics Multidisciplinary）	6921	1.37
37	食品科学技术（Food Science Technology）	6911	1.37
38	公共环境职业健康（Public Environmental Occupational Health）	6894	1.37
39	光学（Optics）	6828	1.36
40	原子分子化学物理（Physics Atomic Molecular Chemical）	6769	1.34

续表

排名	学科领域	论文数量(篇)	百分比(%)
41	生态学(Ecology)	6595	1.31
42	肝病、胃肠病(Gastroenterology Hepatology)	6560	1.30
43	传染病(Infectious Diseases)	6463	1.28
44	儿科(Pediatrics)	6346	1.26
45	泌尿肾脏病(Urology Nephrology)	6339	1.26
46	妇产科学(Obstetrics Gynecology)	6271	1.25
47	力学(Mechanics)	6081	1.21
48	外周血管疾病(Peripheral Vascular Disease)	6059	1.20
49	生物化学研究方法(Biochemical Research Methods)	5810	1.15
50	皮肤病学(Dermatology)	5748	1.14

六、2010—2014 年论文研究重点领域

2010—2014 年，欧盟 SCI 收录的发文总数为 2702920 篇，其中 2014 年的论文总数为 503560 篇，2013 年为 577627 篇，2012 年为 560282 篇，2011 年为 541927 篇，2010 年为 519524 篇。主要研究领域为生物化学-分子生物学、肿瘤学、材料科学多学科、神经科学、外科、物理化学、临床神经病学、药理学、心脏心血管系统、化学多学科等。欧盟 2010—2014 年 SCI 论文 Top50 研究领域如表 6-6 所示。

表 6-6 欧盟 2010—2014 年 SCI 论文 Top50 研究领域

序号	学科领域	发文数量(篇)	百分比(%)
1	材料科学多学科(Materials Science Multidisciplinary)	25784	9.741
2	生物化学-分子生物学(Biology)	21226	8.019
3	肿瘤学(Oncology)	18369	6.94
4	神经科学(Neurosciences)	16235	6.133
5	多学科科学(Multidisciplinary Sciences)	12166	4.596
6	物理化学(Chemistry Physical)	11663	4.406
7	外科(Surgery)	11498	4.344

续表

序号	学科领域	发文数量（篇）	百分比（%）
8	化学多学科（Chemistry Multidisciplinary）	9694	3.662
9	环境科学（Environmental Sciences）	9545	3.606
10	心脏心血管系统（Cardiac Cardiovascular Systems）	9532	3.601
11	应用物理（Physics Applied）	8567	3.237
12	临床神经病学（Clinical Neurology）	7220	2.728
13	药理学（Pharmacology Pharmacy）	7193	2.717
14	电气电子工程（Engineering Electrical Electronic）	6211	2.346
15	免疫学（Immunology）	6041	2.282
16	普通内科医学（Medicine General Internal）	5848	2.209
17	细胞生物学（Cell Biology）	5704	2.155
18	生物技术-应用微生物（Biotechnology Applied Microbiology）	5686	2.148
19	放射核医学影像（Radiology Nuclear Medicine Medical Imaging）	5469	2.066
20	数学应用（Mathematics Applied）	5385	2.034
21	天文天体物理学（Astronomy Astrophysics）	5280	1.995
22	数学（Mathematics）	5198	1.964
23	血液学（Hematology）	5198	1.964
24	地球科学多学科（Geosciences Multidisciplinary）	5143	1.943
25	精神病学（Psychiatry）	5018	1.896
26	医学实验研究（Medicine Research Experimental）	4811	1.818
27	凝聚态物理（Physics Condensed Matter）	4635	1.751
28	遗传学（Genetics Heredity）	4571	1.727
29	微生物学（Microbiology）	4563	1.724
30	代谢内分泌学（Endocrinology Metabolism）	4485	1.694
31	能量燃料（Energy Fuels）	4261	1.61
32	化学工程（Engineering Chemical）	4225	1.596
33	植物学（Plant Sciences）	4107	1.552
34	纳米科学与纳米技术（Nanoscience Nanotechnology）	3891	1.47
35	分析化学（Chemistry Analytical）	3853	1.456
36	物理多学科（Physics Multidisciplinary）	3767	1.423
37	食品科学技术（Food Science Technology）	3673	1.388
38	公共环境职业健康（Public Environmental Occupational Health）	3623	1.369

续表

序号	学科领域	发文数量（篇）	百分比（%）
39	光学（Optics）	3522	1.331
40	原子分子化学物理（Physics Atomic Molecular Chemical）	3506	1.325
41	生态学（Ecology）	3466	1.309
42	肝病、胃肠病（Gastroenterology Hepatology）	3374	1.275
43	传染病（Infectious Diseases）	3265	1.233
44	儿科（Pediatrics）	3231	1.221
45	泌尿肾脏病（Urology Nephrology）	2858	1.08
46	妇产科学（Obstetrics Gynecology）	2745	1.037
47	力学（Mechanics）	2729	1.031
48	外周血管疾病（Peripheral Vascular Disease）	2715	1.026
49	生物化学研究方法（Biochemical Research Methods）	2686	1.015
50	皮肤病学（Dermatology）	2656	1.003

选择欧盟2010—2014年每年发文数Top20的研究领域，对其赋权重，赋权方法为：某一年发文数Top1的研究领域被认为是最为重点发展的领域，赋权为20；Top2的研究领域赋权为19，依此类推，Top20的研究领域赋权为1。筛选近5年总体发文权重排Top20及每年发文权重排Top20的研究领域共24个，图6-1所示为欧盟2010—2014年SCI论文重点领域权重变化。

由图6-1可以看出，近五年，应用物理、生物化学-分子生物学、材料科学、肿瘤学、化学、药理学、心脏心血管、外科、物理化学一直都是欧盟论文的重点领域；神经科学在2010—2011年间发文量比较突出，2012年后有所减少，代谢内分泌学在2011年及以后都没有进入前20。材料科学、化学、外科、免疫学2014年有所增加。综合年度发文数和近五年总体发文数排在前20名研究领域的整体情况，欧盟共遴选出6个研究重点领域，分别是：应用物理、生物化学-分子生物学、材料科学、肿瘤学、化学、药理学、外科、心脏心血管系统、物理化学、神经科学、电气电子工程。

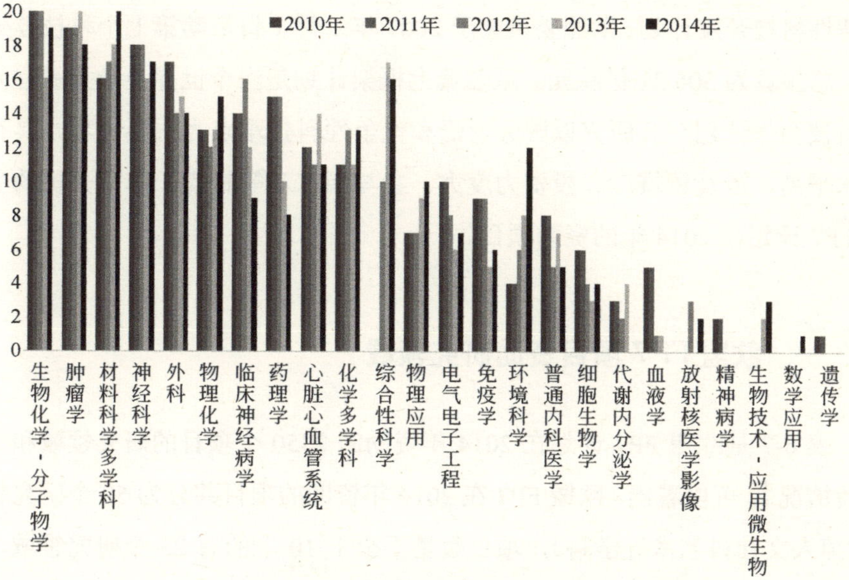

图 6-1　欧盟 2010—2014 年 SCI 论文重点领域权重变化
（本图彩图请参见本书最后插图）

可以看出，2010—2014 年，欧盟 SCI 论文的重点领域变化不大。相对 2010 年，2011 年 Top20 的重点研究领域增加了综合性科学，少了遗传学。而到了 2012 年，放射核医学影像进入了 Top20。2013 年生物技术-应用微生物进入了 Top20，到了 2014 年，数学应用成了新的 Top20 的研究领域，材料科学多学科成了论文数量排名第 1 的研究领域。从 2010—2014 年 Top20 的研究领域可以看出，生物化学-分子生物学、肿瘤学、材料科学多学科、神经科学、外科、物理化学、临床神经病学、药理学、心脏心血管系统、化学多学科、综合性科学、物理应用、电气电子工程、免疫学、环境科学、普通内科医学、细胞生物学、代谢内分泌学、血液学、放射核医学影像是欧盟近五年的重点学科。

第二节　欧盟科技项目资助重点领域

欧盟第七框架计划（7th Framework Programme，FP7）是欧盟投资最多的全球性科技开发计划。欧盟委员会于 2007 年 1 月 1 日启动第七个科技框架计划，总预算为 505.21 亿欧元。欧盟第七框架计划是当今世界上最大的官方重大科技合作计划，其研究以国际前沿和竞争性科技难点为主要内容，具有研究水平高、涉及领域广、投资力度大、参与国家多等特点。本节分析的主要是 FP7 计划在 2014 年的资助项目。

一、欧盟 FP7 项目资助研究领域

表 6-7 是欧盟 FP7 计划在 2014 年资助的 2350 个项目的研究领域和资助经费情况[1]。可以看出，欧盟 FP7 在 2014 年资助的项目共分为 50 个研究领域（除掉人文社科艺术等学科），项目数量不少于 10 个的有 23 个研究领域，资助经费不低于 10000000 欧元的有 27 个研究领域。

表 6-7 欧盟 FP7 计划在 2014 年资助项目的研究领域和资助经费情况

研究领域	项目数量（个）	资助经费（欧元）
医药卫生	197	27709501246
可再生能源	90	26418366092
创新与技术转移	205	25081450360
安全	144	24077257950
运输	83	21262671602
航天科技	93	21187287164
电子与微电子	77	21129196668
生命科学	674	19815830062
信息处理与信息系统	212	17755503954
生物技术	287	9453160456
环境保护	78	5976388125
节能	24	5293655408
工业制造	80	3653516599
能源储存与运输	11	2679638505

1 http://cordis.europa.eu/projects/home_en.html。

续表

研究领域	项目数量（个）	资助经费（欧元）
食品	34	2368471939
农业	30	1605683181
电信	134	500552460
信息媒体	132	496696965
生物医学技术	21	72435929
信息与通信技术应用	21	70756331
核裂变	7	57563345
辐射防护	4	57563345
放射性废物	4	57563345
农业生物技术	14	43656710
水资源管理	12	31502560
地球科学	10	18075632
数学统计	3	12652162
材料技术	6	8478138
自动化	1	4485984
生物燃料	1	4485984
清洁煤技术	1	4485984
气候变化和放大器及碳循环的研究	1	4485984
施工工艺	1	4485984
就业问题	1	4485984
化石燃料	1	4485984
医疗保健/服务	1	4485984
氢能和燃料电池	1	4485984
工业生物技术	1	4485984
知识产权	1	4485984
测量方法	1	4485984
气象	1	4485984
纳米科学与纳米技术与纳米科学	1	4485984
网络技术	1	4485984
核聚变	1	4485984
其他能源主题	1	4485984

续表

研究领域	项目数量（个）	资助经费（欧元）
其他技术	1	4485984
海洋与渔业资源	1	4485984
机器人	1	4485984
安全	1	4485984
空间放大器及卫星研究	1	4485984

二、欧盟科技项目资助研究领域

从2014年欧盟FP7资助的项目数量和资助经费来看，欧盟目前重点发展的领域有医药卫生、再生能源、创新与技术转移、安全、运输、航天科技、电子与微电子、生命科学、信息处理与信息系统、生物技术、环境保护、节能、工业制造、能源储存与运输、食品、农业、电信、信息媒体、生物医学技术、信息与通信技术应用、农业生物技术、水资源管理、地球科学等。

第三节　欧盟科技战略规划重点领域

一、欧盟战略规划研究领域

“地平线2020”（Horizon 2020）是欧盟继第七个欧盟科研框架计划（FP7）之后的主要科研规划，于2013年12月11日批准，实施时间自2014年至2020年，预计耗资约770亿欧元，资助领域主要为基础研究、应用技术、应对人类面临的共同挑战。规划几乎囊括欧盟所有科研项目，其主要目的是整合欧盟各国的科研资源，提高科研效率，促进科技创新，推动经济增长和增加就业。该规划投资主要集中在卓越科学、工业领导地位和社会挑战3个方向[1]，具体研究领域表6-8所示。

表6-8 “地平线2020”研究领域

方向	研究领域
卓越科学	针对顶尖科学家的欧洲研究理事会的奖学金 针对未来和新型技术的资助行动 针对年轻研究人员的玛丽-居里奖学金 欧洲研究基础设施，包括电子基础设施
工业领导地位	信息和通信技术、纳米科学与纳米技术、先进材料、先进制造、生物技术、空间技术
社会挑战	健康、人口变化和福利 食品安全，可持续发展的农业、林业、海洋和生物经济 安全、清洁、高效的能源 智能、绿色和综合交通 气候行动、环境、资源利用效率和原材料 包容、创新和反思社会 安全和创新社会

“地平线2020”科研规划中的一大亮点是建设欧盟创新与技术研究学院（Eit），Eit是欧盟集人才、研发、创新于一体的研究机构。“地平线2020”对Eit的资助包括气候变化、通信技术、新能源技术、积极与健康的老龄化社会、原材料及有效利用、未来食品与安全、先进制造业、城市智能交通共8个领域的研发和创新建设[2]。

“地平线2020”投资的最新项目领域包括未来计算机和通信网络的研发、节能交通（电动汽车新型电池研究）、医药、健康和膳食研发等领域[3]。

二、德国战略规划研究领域

德国是欧盟最重要的成员国之一，德国政府颁布的《高技术战略

1 http://ec.europa.eu/programmes/horizon2020/h2020-sections。
2 http://ec.europa.eu/programmes/horizon2020/en/h2020-section/european-institute-innovation-and-technology-eit。
3 http://ec.europa.eu/programmes/horizon2020/en/newsroom/557/。

2020》[1]，提出了以 5 大需求领域开辟未来新市场，并推出了 11 项“未来规划”及德国经济未来竞争力依赖的主要关键技术，具体内容如表 6-9 所示。

表 6-9　德国《高技术战略 2020》重点领域

需求领域	气候/能源、健康/营养、交通、安全、通信
未来规划	碳中和、能源高效且气候适宜的城市、能源供给的智能化改造、可再生原料作为石油的取代物、个性化治疗、健康饮食、老年自主生活、电动车、通信网络安全、低能耗网络、数字化知识获取、未来职业生涯和用工制度
关键技术	生物技术、纳米科学与纳米技术、微电子学和纳米电子学、光学技术、微系统技术、材料技术、生产技术、服务研究、航空技术、信息通信技术

三、法国战略规划研究领域

“法国 2020 战略议程：研究、技术转移和创新的战略决议”[2] 中提到法国科研战略的核心是高等教育与研究，同时确保法国在欧盟研究领域的技术转移与创新。围绕着法国 2020 战略议程，法国国家科研署公布 2015 年工作重点，从 4 个方面组织项目遴选与资助：①“重大社会挑战”：法国 2020 战略议程中提出的 9 大挑战；②“研究前沿”：自由探索的“所有知识领域挑战”项目；③“欧盟研究区建设与法国的国际影响力”：国际合作研究项目；④“研究的经济影响力与竞争力”：企业合作研究项目。法国 2020 战略议程重点领域如表 6-10 所示。

表 6-10　法国 2020 战略议程重点领域

重点领域	高效的资源管理和适应气候变化
	清洁、安全、高效的能源
	工业复兴
	生命、健康和福利
	粮食安全和人口挑战
	可持续的流动性和城市系统

1 http://www.hightech-strategie.de/de/The-new-High-Tech-Strategy-390.php。
2 http://www.france-science.org/France-Europe-2020-A-Strategic.html。

续表

重点领域	信息和通信
	创新、包容和适应的社会
	欧洲的自由和安全

四、马普学会战略规划研究领域

马克斯·普朗克科学促进学会（International Max Planck Research School，以下简称马普学会）是德国最为成功的研究机构，也是全球一流的研究机构。马普学会格外关注有特殊创新的研究领域，不断建立新的研究所来解决前瞻性、有创意的课题[1]。

在“研究前景 2010”中详细介绍了马普学会未来最重要的 36 个研究课题[2]，这 36 个研究课题分布在生物学与医药理学，化学、物理和技术，人文、道德与社会科学 3 个领域，具体如表 6-11 所示。

表 6-11　马普学会未来重点领域

领域主题	研究课题
生物学与医药理学：“价值：生物学多样性的价值与未来”	现代精神病学，生态基因组学，视觉蛋白质组学，生物学领域的自组织，老龄化和老年疾病，复合大分子，感知、学习和记忆，蛋白质折叠，植物与其环境的相互作用，生物多样性模型及其维护，遗传学，高等灵长类动物的比较基因组学等
化学、物理和技术：“作为物理实验室的宇宙”	材料科学领域的多尺度模拟、复杂系统、量子多体关联的控制、多模态计算和相互作用、纳米科学和纳米科学与纳米技术、生物材料科学、光与物质的相互作用与其未来研究方向、地球系统的碳循环、能源前沿、多维度的时空、关于“永恒”及物质和力量等
人文、道德与社会科学：“区域文化”	全球化世界的法律秩序、行为发展探索、经济界的管理制度与控制、语言与遗传学、创新和企业家身份、海洋科学、文化领域、人脑的可塑性、多样性、社会互动和团结、知识的全球化等

在此基础上，马普学会在“研究前景 2014”中提出了 6 个最具有潜力的、

1 http://www.mpg.de/183251/portrait。
2 http://www.mpg.de/17877/perspectives?filter_order=L&research_TOPic=。

前瞻性研究领域[1]，包括生命的起源、智能系统、合成生物学、化学和可再生能源、老龄化社会、法律。

五、欧盟战略规划重点领域

综合分析欧盟、德国、法国和马普学会等各层面的、权威且具有代表性的战略规划，都提及了未来发展的重点为生命科学和工程技术学科，具体领域主要包括信息和通信技术、纳米科学与纳米技术、先进材料、先进制造、空间技术、智能交通、绿色能源、生物技术、生物经济、食品安全、气候环境等。

第四节　欧盟科技发展遴选重点领域

本节将综合分析 2010—2014 年欧盟的 SCI 论文研究重点领域、2014 年科技项目资助重点领域，以及科技战略规划重点领域得到的重点领域，按照遴选指标的权重进行计算，基于分值的高低，遴选出欧盟科技发展的 Top10 重点领域（见表 6-12）。

表 6-12　欧盟科技发展的 Top10 重点领域

单位：分

一级指标	学科（25%）			科研资助（35%）		产业社会（40%）		合计
二级指标	学科规模（10%）	影响力（12.5%）	专家判断（2.5%）	项目数（15%）	经费（20%）	当前（25%）	预测（15%）	
生物技术	8	11	2	14	17	24	14	90
医药健康	9	9.75	2	14	20	22	12	88.75
绿色能源	5	10	2.5	12	20	24	14	87.5
气候环境	8	9.75	2.5	12	16	23	13	84.25
先进材料	9	9	2	11	15	24	14	84

1 http://www.mpg.de/perspectives?filter_order=L&research_TOPic=。

续表

一级指标	学科（25%）			科研资助（35%）		产业社会（40%）		合计
二级指标	学科规模（10%）	影响力（12.5%）	专家判断（2.5%）	项目数（15%）	经费（20%）	当前（25%）	预测（15%）	
食品安全	7	8.5	2.5	13	14	23	13	81
空间技术	5	11	2.5	12	14	23	13	80.5
纳米科学与纳米技术	6	9	2	10	15	24	14	80
信息和通信技术	5	8	2	14	13	24	14	80
先进制造	5	8	2.5	12	12	23	13	75.5

（1）生物技术：主要包括生物的新兴来源和生物制品、海洋和淡水生物技术、工业生物技术（高附加值的生物产品和生物工艺）、生物炼油厂、环境生物技术、新趋势的生物技术。生物技术是欧盟 SCI 论文近两年进入 Top20 的研究领域；是 2014 年 FP7 项目资助的项目数量和经费都排名前列的领域；是“地平线 2020”提到工业领导地位的资助领域；也是德国《高技术战略 2020》中提及的德国经济未来竞争力依赖的主要关键技术之一；马普学会“未来最重要的 36 个研究课题”中的多个研究课题都和生物技术有关。

（2）医药健康：主要包括基本健康、健康老龄化和疾病机制的监测、预防、发现、治疗和管理，以及针对健康和保健服务的新的模式和工具。医药健康是欧盟近 5 年 SCI 文的 Top20 研究领域中，医药健康包含了多个研究领域；是 2014 年 FP7 项目资助的项目数量和经费都排名前列的领域；是“地平线 2020”主要研究领域中提到的社会挑战之一，也是“地平线 2020”投资的最新项目领域；是德国《高技术战略 2020》中提及的未来规划领域之一；是“法国 2020 战略”的 9 大挑战涉及的领域；马普学会“未来最重要的 36 个研究课题”中的多个研究课题都和医药健康有关。

（3）气候环境：包括应对气候变化、保护环境、资源可持续利用和管理、非能源和非农业原材料的可持续供应、通过生态创新实现绿色经济的转型、全面和持续的全球环境观测信息系统。气候环境是欧盟近 5 年 SCI 论文的

Top20 研究领域中 2014 年排名靠前的学科；是 2014 年 FP7 项目资助的项目数量和经费都排名前列的领域；是“地平线 2020”主要研究领域中提到的社会挑战之一，也是“地平线 2020”对 Eit 的资助的主要方向之一；是德国《高技术战略 2020》中提及的未来规划领域之一；是“法国 2020 战略”的 9 大挑战涉及的领域；马普学会“未来最重要的 36 个研究课题”中的多个研究课题都和气候环境有关。

（4）绿色能源：包括减少能源消耗和碳排放、低成本低碳的电力供应、替代燃料和移动电源、智能电网等。2014 年 FP7 项目资助经费排名第二的领域是可再生能源；是“地平线 2020”主要研究领域中提到的社会挑战之一，也是“地平线 2020”对 Eit 的资助的主要方向之一；是德国《高技术战略 2020》中提及的未来规划领域之一；是“法国 2020 战略”的 9 大挑战涉及的领域之一；是马普学会“未来最重要的 36 个研究课题”之一。

（5）纳米科学与纳米技术：原子、分子级别制造的科学技术，有助于解决一些关键的社会挑战，包括气候变化、减少碳排放、发展可再生能源、有效利用资源和应对人口老龄化的医疗需求。纳米科学与纳米技术是欧盟近 5 年 SCI 论文的 Top20 研究领域之一；是“地平线 2020”主要研究领域中提到的工业领导地位涉及的领域之一；是德国《高技术战略 2020》中提及的德国经济未来竞争力依赖的主要关键技术之一；是马普学会“未来最重要的 36 个研究课题”之一。

（6）先进材料：指从材料本身及相关的工业部门或应用领域来研究新型的可用的技术和多学科方法。欧盟近 5 年 SCI 论文的 Top20 研究领域包括了材料多学科；是“地平线 2020”主要研究领域中提到的工业领导地位涉及的领域之一；是德国《高技术战略 2020》中提及的德国经济未来竞争力依赖的主要关键技术之一；是马普学会“未来最重要的 36 个研究课题”之一。

（7）食品安全：覆盖了整个食品链及相关服务的各个关键环节的各类问题，包括如何满足消费者的需求和喜好，同时尽量减少对健康和环境的影响。

食品安全是2014年FP7项目资助的项目数量和经费都排名前列的领域；是“地平线 2020”主要研究领域中提到的社会挑战之一，也是“地平线 2020”对Eit的资助的主要方向之一；是德国《高技术战略2020》中提及的未来规划领域之一；是“法国2020战略”的9大挑战涉及的领域之一。

（8）信息和通信技术：包括新一代的组件和系统、先进计算、未来互联网、内容技术与信息管理、机器人、微型和纳米电子技术及光电技术。信息和通信技术是2014年FP7项目资助的项目数量和经费都排名前列的领域；是“地平线2020”主要研究领域中提到的工业领导地位涉及的领域之一；是“地平线2020”对Eit的资助的主要方向之一，也是“地平线2020”投资的最新项目领域；是德国《高技术战略2020》中提及的关键技术之一；是“法国2020战略”的9大挑战涉及的领域之一。

（9）先进制造：包括纳米科学与纳米技术、柔性制造、智能环境、清洁处理等方法在内的新的制造方法。先进制造是2014年FP7项目资助的项目数量和经费都排名前列的领域；是“地平线2020”主要研究领域中提到的工业领导地位涉及的领域之一；是“地平线2020”对Eit的资助的主要方向之一；是德国《高技术战略2020》中提及的关键技术之一。

（10）空间技术：包括全球导航卫星系统和地球观测、空间基础设施的保护、欧盟层面的空间监测和跟踪系统等。空间技术是2014年FP7项目资助的项目数量和经费都排名前列的领域；是“地平线2020”主要研究领域中提到的工业领导地位涉及的领域之一；是德国《高技术战略2020》中提及的关键技术之一。

第七章

Chapter 7

中国科技发展重点领域

第一节 中国科技论文研究重点领域

通过检索中国近五年来被SCI收录的发文，对比发文的Web of Science 类别的年度分布，分析中国在过去五年中从事科学研究的重点领域。

一、2010 年论文研究领域

2010 年，检索结果显示 SCI 收录的中国各研究领域的发文数共 146586 篇，根据 Web of Science 类别对结果进行排序，分析 Top50 研究领域的发文数及百分比，如表 7-1 所示。

表 7-1 中国 2010 年 SCI 论文 Top50 研究领域

排名	学科领域	论文数量（篇）	百分比（%）
1	材料科学学科（Materials Science Multidisciplinary）	13309	9.079
2	化学学科（Chemistry Multidisciplinary）	9437	6.438
3	化学物理（Chemistry Physical）	9412	6.421
4	应用物理学（Physics Applied）	8472	5.78
5	电气电子工程（Engineering Electrical Electronic）	6563	4.477
6	生物化学-分子生物学（Biochemistry Molecular Biology）	6271	4.278
7	物理学科（Physics Multidisciplinary）	5914	4.034
8	应用数学（Mathematics Applied）	5143	3.509
9	光学（Optics）	5019	3.424
10	凝聚态物质物理学（Physics Condensed Matter）	4959	3.383
11	冶金工程（Metallurgy Metallurgical Engineering）	4759	3.247
12	纳米科学与纳米技术（Nanoscience Nanotechnology）	4398	3
13	环境科学（Environmental Sciences）	4043	2.758
14	工程化学（Engineering Chemical）	4023	2.744

续表

排名	学科领域	论文数量（篇）	百分比（%）
15	药理学（Pharmacology Pharmacy）	3843	2.622
16	分析化学（Chemistry Analytical）	3763	2.567
17	高分子科学（Polymer Science）	3705	2.528
18	生物技术-应用微生物学（Biotechnology Applied Microbiology）	3671	2.504
19	数学（Mathematics）	3501	2.388
20	肿瘤学（Oncology）	3214	2.193
21	晶体学（Crystallography）	3179	2.169
22	有机化学（Chemistry Organic）	3076	2.098
23	心血管系统（Cardiac Cardiovascular Systems）	2933	2.001
24	能量燃料（Energy Fuels）	2913	1.987
25	无机核化学（Chemistry Inorganic Nuclear）	2889	1.971
26	植物科学（Plant Sciences）	2816	1.921
27	细胞生物学（Cell Biology）	2593	1.769
28	神经科学（Neurosciences）	2575	1.757
29	应用化学（Chemistry Applied）	2517	1.717
30	力学（Mechanics）	2371	1.617
31	电化学（Electrochemistry）	2314	1.579
32	化学药物（Chemistry Medicinal）	2021	1.379
33	地球科学学科（Geosciences Multidisciplinary）	1968	1.343
34	原子分子化学物理（Physics Atomic Molecular Chemical）	1930	1.317
35	工程力学（Engineering Mechanical）	1914	1.306
36	生化研究方法（Biochemical Research Methods）	1885	1.286
37	外科（Surgery）	1857	1.267
38	工程环境（Engineering Environmental）	1836	1.253
39	食品科学技术（Food Science Technology）	1815	1.238
40	综合性学科（Multidisciplinary Sciences）	1787	1.219
41	免疫学（Immunology）	1777	1.212
42	土木工程（Engineering Civil）	1748	1.192
43	计算机软件应用（Computer Science Interdisciplinary Applications）	1735	1.184
44	末梢血管疾病（Peripheral Vascular Disease）	1729	1.18
45	工程学科（Engineering Multidisciplinary）	1640	1.119

续表

排名	学科领域	论文数量（篇）	百分比（%）
46	通信（Telecommunications）	1637	1.117
47	医学研究实验（Medicine Research Experimental）	1574	1.074
48	数学物理（Physics Mathematical）	1560	1.064
49	信息系统计算机科学（Computer Science Information Systems）	1554	1.06
50	自动化控制系统（Automation Control Systems）	1531	1.044

2010 年中国发文数最多的前 10 个研究领域分别是：材料科学学科、化学学科、化学物理、应用物理学、电气电子工程、生物化学-分子生物学、物理学科、应用数学、光学及凝聚态物质物理学。其中材料科学研究领域发文数最多，为 13309 篇；其次是化学研究领域，为 9437 篇；排第 3 位的是化学物理研究领域，发文数为 9412 篇。整体来看，2010 年发文数 Top50 的研究领域中，新材料、物理和化学等相关研究领域占较大的比重。

二、2011 年论文研究领域

2011 年，检索结果显示 SCI 收录的中国各研究领域的发文数共 169703 篇，总体比 2010 年增长 23117 篇，根据 Web of Science 类别对结果进行排序，分析 Top50 研究领域的发文数及百分比，如表 7-2 所示。

表 7-2 中国 2011 年 SCI 论文 Top50 研究领域

排名	学科领域	论文数量（篇）	百分比（%）
1	材料科学学科（Materials Science Multidisciplinary）	15806	9.314
2	化学学科（Chemistry Multidisciplinary）	11183	6.59
3	化学物理（Chemistry Physical）	10837	6.386
4	应用物理学（Physics Applied）	10143	5.977
5	电气电子工程（Engineering Electrical Electronic）	7618	4.489
6	生物化学-分子生物学（Biochemistry Molecular Biology）	7045	4.151
7	物理学科（Physics Multidisciplinary）	6232	3.672
8	光学（Optics）	5701	3.359

续表

排名	学科领域	论文数量（篇）	百分比（%）
9	冶金工程（Metallurgy Metallurgical Engineering）	5442	3.207
10	应用数学（Mathematics Applied）	5428	3.199
11	凝聚态物质物理学（Physics Condensed Matter）	5363	3.16
12	纳米科学与纳米技术（Nanoscience Nanotechnology）	5326	3.138
13	环境科学（Environmental Sciences）	5076	2.991
14	工程化学（Engineering Chemical）	4753	2.801
15	分析化学（Chemistry Analytical）	4624	2.725
16	生物技术-应用微生物学（Biotechnology Applied Microbiology）	4584	2.701
17	药理学（Pharmacology Pharmacy）	4460	2.628
18	高分子科学（Polymer Science）	4229	2.492
19	肿瘤学（Oncology）	4004	2.359
20	有机化学（Chemistry Organic）	3866	2.278
21	数学（Mathematics）	3779	2.227
22	晶体学（Crystallography）	3658	2.156
23	能量燃料（Energy Fuels）	3500	2.062
24	综合性学科（Multidisciplinary Sciences）	3440	2.027
25	无机核化学（Chemistry Inorganic Nuclear）	3359	1.979
26	植物科学（Plant Sciences）	3249	1.915
27	细胞生物学（Cell Biology）	3028	1.784
28	神经科学（Neurosciences）	2949	1.738
29	电化学（Electrochemistry）	2722	1.604
30	应用化学（Chemistry Applied）	2712	1.598
31	化学药物（Chemistry Medicinal）	2450	1.444
32	工程力学（Engineering Mechanical）	2405	1.417
33	力学（Mechanics）	2389	1.408
34	人工智能计算机科学（Computer Science Artificial Intelligence）	2214	1.305
35	外科（Surgery）	2206	1.3
36	生化研究方法（Biochemical Research Methods）	2134	1.257
37	工程环境（Engineering Environmental）	2134	1.257
38	心血管系统（Cardiac Cardiovascular Systems）	2127	1.253
39	原子分子化学物理（Physics Atomic Molecular Chemical）	2115	1.246

续表

排名	学科领域	论文数量（篇）	百分比（%）
40	地球科学学科（Geosciences Multidisciplinary）	2079	1.225
41	食品科学技术（Food Science Technology）	2073	1.222
42	通信（Telecommunications）	2004	1.181
43	医学研究实验（Medicine Research Experimental）	1999	1.178
44	免疫学（Immunology）	1974	1.163
45	土木工程（Engineering Civil）	1919	1.131
46	仪器仪表（Instruments Instrumentation）	1881	1.108
47	基因遗传学（Genetics Heredity）	1867	1.1
48	微生物学（Microbiology）	1821	1.073
49	计算机软件应用（Computer Science Interdisciplinary Applications）	1788	1.054
50	工程学科（Engineering Multidisciplinary）	1788	1.054

2011 年中国发文数最多的前 10 个研究领域分别是：材料科学学科、化学学科、化学物理、应用物理学、电气电子工程、生物化学-分子生物学、物理学科、光学、冶金工程及应用数学。其中材料科学研究领域发文数仍然最多，为 15806 篇，较 2010 年增长 2497 篇；其次是化学研究领域，为 11183 篇，较 2010 年增长 1746 篇；排第 3 位的仍为化学物理研究领域，发文数为 10837 篇，较 2010 年增长 1425 篇。整体来看，2011 年发文数 Top20 的研究领域较 2010 年无明显变化，排名先后仅有小范围的浮动，Top50 的研究领域较 2010 年新增了人工智能计算、仪器仪表、基因遗传性和微生物学，其中人工智能计算科学研究领域上升到 Top34 的位置。

三、2012 年论文研究领域

2012 年，检索结果显示 SCI 收录的中国各研究领域的发文数共 194854 篇，总体比 2011 年增长 25151 篇，根 Web of Science 类别对结果进行排序，分析 Top50 研究领域的发文数及百分比，如表 7-3 所示。

表 7-3　中国 2012 年 SCI 论文 Top50 研究领域

排名	学科领域	论文数量（篇）	百分比（%）
1	材料科学学科（Materials Science Multidisciplinary）	17759	9.114
2	化学学科（Chemistry Multidisciplinary）	13154	6.751
3	化学物理（Chemistry Physical）	11686	5.997
4	应用物理学（Physics Applied）	11502	5.903
5	电气电子工程（Engineering Electrical Electronic）	9077	4.658
6	生物化学-分子生物学（Biochemistry Molecular Biology）	8354	4.287
7	物理学科（Physics Multidisciplinary）	6759	3.469
8	光学（Optics）	6386	3.277
9	应用数学（Mathematics Applied）	6236	3.2
10	纳米科学与纳米技术（Nanoscience Nanotechnology）	6124	3.143
11	肿瘤学（Oncology）	5729	2.94
12	综合性学科（Multidisciplinary Sciences）	5604	2.876
13	环境科学（Environmental Sciences）	5568	2.858
14	工程化学（Engineering Chemical）	5402	2.772
15	凝聚态物质物理学（Physics Condensed Matter）	5369	2.755
16	冶金工程（Metallurgy Metallurgical Engineering）	5248	2.693
17	药理学（Pharmacology Pharmacy）	5212	2.675
18	分析化学（Chemistry Analytical）	5028	2.58
19	高分子科学（Polymer Science）	4520	2.32
20	数学（Mathematics）	4497	2.308
21	有机化学（Chemistry Organic）	4335	2.225
22	能量燃料（Energy Fuels）	4292	2.203
23	生物技术-应用微生物学（Biotechnology Applied Microbiology）	4231	2.171
24	细胞生物学（Cell Biology）	3830	1.966
25	植物科学（Plant Sciences）	3596	1.845
26	电化学（Electrochemistry）	3524	1.809
27	无机核化学（Chemistry Inorganic Nuclear）	3383	1.736
28	神经科学（Neurosciences）	3269	1.678
29	应用化学（Chemistry Applied）	2996	1.538
30	工程力学（Engineering Mechanical）	2971	1.525
31	力学（Mechanics）	2953	1.515

续表

排名	学科领域	论文数量（篇）	百分比（%）
32	地球科学学科（Geosciences Multidisciplinary）	2914	1.495
33	医学研究实验（Medicine Research Experimental）	2862	1.469
34	食品科学技术（Food Science Technology）	2779	1.426
35	通信（Telecommunications）	2775	1.424
36	基因遗传学（Genetics Heredity）	2592	1.33
37	外科（Surgery）	2538	1.303
38	化学药物（Chemistry Medicinal）	2522	1.294
39	工程学科（Engineering Multidisciplinary）	2432	1.248
40	工程环境（Engineering Environmental）	2370	1.216
41	人工智能计算机科学（Computer Science Artificial Intelligence）	2331	1.196
42	心血管系统（Cardiac Cardiovascular Systems）	2294	1.177
43	仪器仪表（Instruments Instrumentation）	2269	1.164
44	免疫学（Immunology）	2260	1.16
45	原子分子化学物理（Physics Atomic Molecular Chemical）	2257	1.158
46	信息系统计算机科学（Computer Science Information Systems）	2237	1.148
47	生化研究方法（Biochemical Research Methods）	2230	1.144
48	肝病、胃肠病（Gastroenterology Hepatology）	2227	1.143
49	土木工程（Engineering Civil）	2187	1.122
50	晶体学（Crystallography）	2177	1.117

2012 年中国发文数最多的前 10 个研究领域分别是：材料科学学科、化学学科、化学物理、应用物理学、电气电子工程、生物化学-分子生物学、物理学科、光学、应用数学及纳米科学与纳米技术。其中材料科学研究领域发文数仍然最多，为 17759 篇，较 2011 年增长 1953 篇；其次是化学研究领域，为 13154 篇，较 2011 年增长 1971 篇；排第 3 位的仍为化学物理研究领域，发文数为 11686 篇，较 2011 年增长 849 篇。整体来看，2012 年发文数 Top20 的研究领域较 2011 年变化较明显的为肿瘤学和综合性学科，其中肿瘤学由 2011 年的 Top19 上升到 2012 年的 Top11，综合性学科由 2011 年的 Top24 上升到 2012 年的 Top12。Top50 的研究领域较 2011 年新增了肝病、胃肠病。

四、2013 年论文研究领域

2013 年，检索结果显示 SCI 收录的中国各研究领域的发文数共 232044 篇，总体比 2012 年增长 37190 篇，根据 Web of Science 类别对结果进行排序，分析 Top50 研究领域的发文数及百分比，如表 7-4 所示。

表 7-4 中国 2013 年 SCI 论文 Top50 研究领域

排名	学科领域	论文数量（篇）	百分比(%)
1	材料科学学科（Materials Science Multidisciplinary）	20627	8.889
2	化学学科（Chemistry Multidisciplinary）	16328	7.037
3	应用物理学（Physics Applied）	13888	5.985
4	化学物理（Chemistry Physical）	12546	5.407
5	电气电子工程（Engineering Electrical Electronic）	10392	4.478
6	综合性学科（Multidisciplinary Sciences）	9124	3.932
7	生物化学-分子生物学（Biochemistry Molecular Biology）	8973	3.867
8	纳米科学与纳米技术（Nanoscience Nanotechnology）	7785	3.355
9	光学（Optics）	7754	3.342
10	肿瘤学（Oncology）	7660	3.301
11	应用数学（Mathematics Applied）	7397	3.188
12	环境科学（Environmental Sciences）	6811	2.935
13	物理学科（Physics Multidisciplinary）	6689	2.883
14	工程化学（Engineering Chemical）	6542	2.819
15	药理学（Pharmacology Pharmacy）	6356	2.739
16	能量燃料（Energy Fuels）	6323	2.725
17	分析化学（Chemistry Analytical）	6001	2.586
18	凝聚态物质物理学（Physics Condensed Matter）	5836	2.515
19	冶金工程（Metallurgy Metallurgical Engineering）	5757	2.481
20	生物技术-应用微生物学（Biotechnology Applied Microbiology）	5733	2.471
21	数学（Mathematics）	5278	2.275
22	高分子科学（Polymer Science）	5036	2.17
23	有机化学（Chemistry Organic）	4479	1.93

续表

排名	学科领域	论文数量（篇）	百分比(%)
24	电化学（Electrochemistry）	4340	1.87
25	细胞生物学（Cell Biology）	4323	1.863
26	植物科学（Plant Sciences）	4021	1.733
27	工程力学（Engineering Mechanical）	3928	1.693
28	医学研究实验（Medicine Research Experimental）	3896	1.679
29	无机核化学（Chemistry Inorganic Nuclear）	3702	1.595
30	神经科学（Neurosciences）	3659	1.577
31	地球科学学科（Geosciences Multidisciplinary）	3630	1.564
32	通信（Telecommunications）	3517	1.516
33	肝病、胃肠病（Gastroenterology Hepatology）	3395	1.463
34	力学（Mechanics）	3355	1.446
35	应用化学（Chemistry Applied）	3337	1.438
36	食品科学技术（Food Science Technology）	3256	1.403
37	心血管系统（Cardiac Cardiovascular Systems）	3211	1.384
38	工程学科（Engineering Multidisciplinary）	3123	1.346
39	外科（Surgery）	3089	1.331
40	基因遗传学（Genetics Heredity）	3088	1.331
41	交叉学科中数学的应用（Mathematics Interdisciplinary Applications）	2966	1.278
42	仪器仪表（Instruments Instrumentation）	2955	1.273
43	信息系统计算机科学（Computer Science Information Systems）	2828	1.219
44	免疫学（Immunology）	2791	1.203
45	化学药物（Chemistry Medicinal）	2790	1.202
46	土木工程（Engineering Civil）	2663	1.148
47	人工智能计算机科学（Computer Science Artificial Intelligence）	2607	1.123
48	工程环境（Engineering Environmental）	2583	1.113
49	原子分子化学物理（Physics Atomic Molecular Chemical）	2578	1.111
50	水资源（Water Resources）	2492	1.074

2013 年中国发文数最多的前 10 个研究领域分别是：材料科学学科、化学学科、应用物理学、化学物理、电气电子工程、综合性学科、生物化学-分子生物学、纳米科学与纳米技术、光学及肿瘤学。其中材料科学研究领域发

文数仍然最多，为 20627 篇，较 2012 年增长 2868 篇；其次是化学研究领域，为 16328 篇，较 2012 年增长 3174 篇；应用物理研究领域上升到第 3 位，发文数为 13888 篇，较 2012 年增长 2386 篇。整体来看，2013 年发文数 Top20 的研究领域较 2012 年变化较明显的为综合性学科和能量燃料，其中综合性学科由 2012 年的 Top12 上升到 2013 年的 Top6，能量燃料学科由 2012 年的 Top22 上升到 2013 年的 Top16。Top50 的研究领域较 2012 年新增了交叉学科中数学的应用和水资源。

五、2014 年论文研究领域

2014 年，检索结果显示 SCI 收录的中国各研究领域的发文数共 241989 篇，总体比 2013 年增长 9945 篇，根据 Web of Science 类别对结果进行排序，分析 Top50 研究领域的发文数及百分比，如表 7-5 所示。

表 7-5 中国 2014 年 SCI 论文 Top50 研究领域

排名	学科领域	论文数量（篇）	百分比（%）
1	材料科学学科（Materials Science Multidisciplinary）	22223	9.183
2	化学学科（Chemistry Multidisciplinary）	17129	7.078
3	应用物理学（Physics Applied）	14366	5.937
4	化学物理（Chemistry Physical）	13821	5.711
5	电气电子工程（Engineering Electrical Electronic）	11592	4.79
6	综合性学科（Multidisciplinary Sciences）	10189	4.211
7	生物化学-分子生物学（Biochemistry Molecular Biology）	9280	3.835
8	肿瘤学（Oncology）	8769	3.624
9	纳米科学与纳米技术（Nanoscience Nanotechnology）	8480	3.504
10	光学（Optics）	7658	3.165
11	应用数学（Mathematics Applied）	7483	3.092
12	能量燃料（Energy Fuels）	7403	3.059
13	环境科学（Environmental Sciences）	7134	2.948
14	工程化学（Engineering Chemical）	6931	2.864

续表

排名	学科领域	论文数量（篇）	百分比（%）
15	分析化学（Chemistry Analytical）	6141	2.538
16	凝聚态物质物理学（Physics Condensed Matter）	5968	2.466
17	药理学（Pharmacology Pharmacy）	5818	2.404
18	物理学科（Physics Multidisciplinary）	5703	2.357
19	生物技术-应用微生物学（Biotechnology Applied Microbiology）	5701	2.356
20	冶金工程（Metallurgy Metallurgical Engineering）	5580	2.306
21	数学（Mathematics）	5164	2.134
22	高分子科学（Polymer Science）	4805	1.986
23	有机化学（Chemistry Organic）	4759	1.967
24	电化学（Electrochemistry）	4689	1.938
25	医学研究实验（Medicine Research Experimental）	4606	1.903
26	细胞生物学（Cell Biology）	4510	1.864
27	工程力学（Engineering Mechanical）	4347	1.796
28	神经科学（Neurosciences）	3925	1.622
29	力学（Mechanics）	3901	1.612
30	植物科学（Plant Sciences）	3873	1.6
31	食品科学技术（Food Science Technology）	3569	1.475
32	无机核化学（Chemistry Inorganic Nuclear）	3545	1.465
33	基因遗传学（Genetics Heredity）	3496	1.445
34	地球科学学科（Geosciences Multidisciplinary）	3454	1.427
35	应用化学（Chemistry Applied）	3434	1.419
36	工程学科（Engineering Multidisciplinary）	3348	1.384
37	通信（Telecommunications）	3287	1.358
38	交叉学科中数学的应用（Mathematics Interdisciplinary Applications）	3186	1.317
39	仪器仪表（Instruments Instrumentation）	3061	1.265
40	外科（Surgery）	3050	1.26
41	信息系统计算机科学（Computer Science Information Systems）	3048	1.26
42	人工智能计算机科学（Computer Science Artificial Intelligence）	3043	1.257

续表

排名	学科领域	论文数量（篇）	百分比（%）
43	化学药物（Chemistry Medicinal）	2789	1.153
44	土木工程（Engineering Civil）	2781	1.149
45	工程环境（Engineering Environmental）	2660	1.099
46	生物物理学（Biophysics）	2626	1.085
47	免疫学（Immunology）	2613	1.08
48	原子分子化学物理（Physics Atomic Molecular Chemical）	2487	1.028
49	生化研究方法（Biochemical Research Methods）	2486	1.027
50	自动化控制系统（Automation Control Systems）	2390	0.988

2014 年中国发文数最多的前 10 个研究领域分别是：材料科学学科、化学学科、应用物理学、化学物理、电气电子工程、综合性学科、生物化学-分子生物学、肿瘤学、纳米科学与纳米技术及光学。其中材料科学研究领域发文数仍然最多，为 22223 篇，较 2013 年增长 1596 篇；其次是化学研究领域，为 17129 篇，较 2013 年增长 801 篇；排第 3 位的仍为应用物理研究领域，发文数为 14366 篇，较 2013 年增长 478 篇。整体来看，2014 年发文数 Top20 的研究领域较 2013 年变化较明显的为综合性学科和能量燃料，其中综合性学科由 2012 年的 Top12 上升到 2013 年的 Top6，能量燃料学科由 2012 年的 Top22 上升到 2013 年的 Top16。Top50 的研究领域较 2012 年新增了交叉学科中数学的应用和水资源。

六、2010—2014 年论文研究重点领域

检索结果显示 2010—2014 年 SCI 收录的中国研究领域发文数共 985176 篇，根据 Web of Science 类别对结果进行排序，分析 Top50 研究领域的发文数及百分比，如表 7-6 所示。

表 7-6 中国 2010—2014 年 SCI 论文 Top50 研究领域

排名	研究领域	论文数量（篇）	百分比（%）
1	材料科学学科（Materials Science Multidisciplinary）	89724	9.107
2	化学学科（Chemistry Multidisciplinary）	67231	6.824
3	应用物理学（Physics Applied）	58371	5.925
4	化学物理（Chemistry Physical）	58302	5.918
5	电气电子工程（Engineering Electrical Electronic）	45242	4.592
6	生物化学-分子生物学（Biochemistry Molecular Biology）	39923	4.052
7	光学（Optics）	32518	3.301
8	纳米科学与纳米技术（Nanoscience Nanotechnology）	32113	3.26
9	应用数学（Mathematics Applied）	31687	3.216
10	物理学科（Physics Multidisciplinary）	31297	3.177
11	综合性学科（Multidisciplinary Sciences）	30144	3.06
12	肿瘤学（Oncology）	29376	2.982
13	环境科学（Environmental Sciences）	28632	2.906
14	工程化学（Engineering Chemical）	27651	2.807
15	凝聚态物质物理学（Physics Condensed Matter）	27495	2.791
16	冶金工程（Metallurgy Metallurgical Engineering）	26786	2.719
17	药理学（Pharmacology Pharmacy）	25689	2.608
18	分析化学（Chemistry Analytical）	25557	2.594
19	能量燃料（Energy Fuels）	24431	2.48
20	生物技术-应用微生物学（Biotechnology Applied Microbiology）	23920	2.428
21	高分子科学（Polymer Science）	22295	2.263
22	数学（Mathematics）	22219	2.255
23	有机化学（Chemistry Organic）	20515	2.082
24	细胞生物学（Cell Biology）	18284	1.856
25	电化学（Electrochemistry）	17589	1.785
26	植物科学（Plant Sciences）	17555	1.782
27	无机核化学（Chemistry Inorganic Nuclear）	16878	1.713
28	神经科学（Neurosciences）	16377	1.662
29	工程力学（Engineering Mechanical）	15565	1.58
30	应用化学（Chemistry Applied）	14996	1.522
31	力学（Mechanics）	14969	1.519

续表

排名	研究领域	论文数量（篇）	百分比（%）
32	医学研究实验（Medicine Research Experimental）	14937	1.516
33	地球科学学科（Geosciences Multidisciplinary）	14045	1.426
34	食品科学技术（Food Science Technology）	13492	1.37
35	通信（Telecommunications）	13220	1.342
36	外科（Surgery）	12740	1.293
37	晶体学（Crystallography）	12670	1.286
38	心血管系统（Cardiac Cardiovascular Systems）	12633	1.282
39	化学药物（Chemistry Medicinal）	12572	1.276
40	基因遗传学（Genetics Heredity）	12564	1.275
41	工程学科（Engineering Multidisciplinary）	12331	1.252
42	人工智能计算机科学（Computer Science Artificial Intelligence）	11930	1.211
43	仪器仪表（Instruments Instrumentation）	11637	1.181
44	工程环境（Engineering Environmental）	11583	1.176
45	免疫学（Immunology）	11415	1.159
46	信息系统计算机科学（Computer Science Information Systems）	11399	1.157
47	原子分子化学物理（Physics Atomic Molecular Chemical）	11367	1.154
48	土木工程（Engineering Civil）	11298	1.147
49	交叉学科中数学的应用（Mathematics Interdisciplinary Applications）	11224	1.139
50	生化研究方法（Biochemical Research Methods）	11154	1.132

近 5 年来，中国发文数最多的前 10 个研究领域分别是：材料科学学科、化学学科、应用物理学、化学物理、电气电子工程、生物化学-分子生物学、光学、纳米科学与纳米技术、应用数学及物理学科。

选择每年发文数 Top20 的研究领域，对其赋权重，赋权方法为：某一年发文数 Top1 的研究领域被认为是最为重点发展的领域，赋权为 20；Top2 的研究领域赋权为 19，依此类推，Top20 的研究领域赋权为 1。筛选近五年总体发文权重排 Top20 及每年发文权重排 Top20 的研究领域共 24 个，图 7-1 是各重点领域近五年的权重变化。

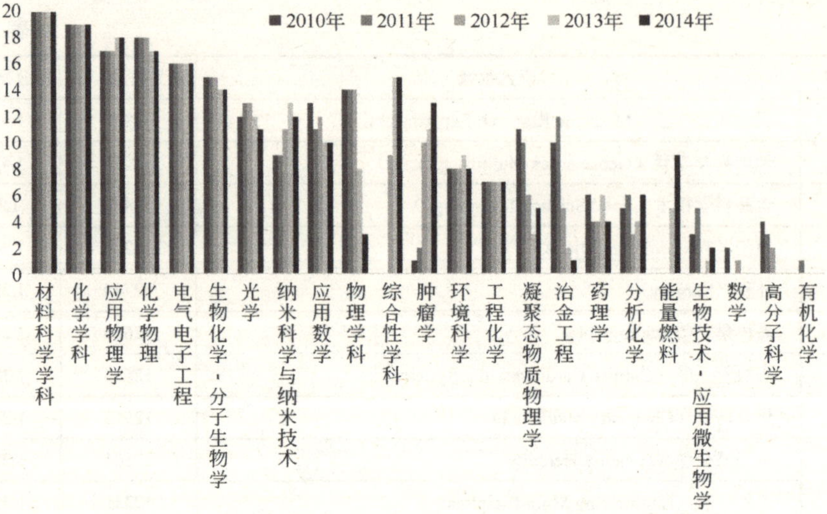

图 7-1 中国 2010—2014 年 SCI 论文重点领域权重变化

（本图彩图请参见本书最后插图）

从图 7-1 中可以看出，近年来，材料科学学科、化学学科、应用物理学、化学物理、电气电子工程及生物化学-分子生物学一直都是中国论文的重点领域；纳米科学与纳米技术、综合性学科、肿瘤学及能量燃料是近两年发展最快的重点研究领域，其中综合性学科和肿瘤学的权重上升最明显。整体来看，中国近五年论文的重点领域为：材料科学学科、化学学科、应用物理学、化学物理、电气电子工程、生物化学-分子生物学、纳米科学与纳米技术、综合性学科、肿瘤学及能量燃料。

第二节　中国科技项目资助重点领域

选取中国科技领域最有影响力的几个资助项目：国家自然科学基金、国家重点基础研究发展计划（973 计划）、国家高技术研究发展计划（863 计划）、国家科技重大专项以及中国科学院战略性先导科技专项，分析各重大项目 2014 年资助的重点学科及领域。

一、国家自然科学基金项目资助研究领域

20 世纪 80 年代初，为推动我国科技体制改革，变革科研经费拨款方式，中科院 89 位院士（学部委员）致函党中央、国务院，建议设立面向全国的自然科学基金，得到党中央、国务院的首肯。随后，在邓小平同志的亲切关怀下，国务院于 1986 年 2 月 14 日批准成立国家自然科学基金委员会。自然科学基金坚持支持基础研究，逐渐形成和发展了由研究项目、人才项目和环境条件项目三大系列组成的资助格局。二十多年来，自然科学基金在推动我国自然科学基础研究的发展，促进基础学科建设，发现、培养优秀科技人才等方面取得了巨大成绩。

国家自然科学基金按照资助类别可分为面上项目、重点项目、重大项目、重大研究计划等，资助研究领域包括数理科学部、化学科学部、生命科学部、地球科学部、工程与材料科学部、信息科学部、管理科学部和医学科学部。

根据资助金额，选取 2014 年度资助金额大于 1000 万元的项目（共 43 项）进行分析，研究领域依据《2014 年度国家自然科学基金项目指南》[1] 中国家自然科学基金申请代码进行分类（见表 7-7）。

表 7-7　2014 年国家自然科学基金项目资助研究领域

学科	研究领域	项目数（个）	总资助金额（万元）
医学科学部	肺循环及肺血管疾病，血管发生异常及血管结构与功能异常，消化道结构与功能异常，分子影像与分子探针，消化系统肿瘤，中药药性理论，造血、造血调控与造血微环境异常	7	12500
地球科学部	环境地质学和灾害地质学，大气环境与全球气候变化，构造地质学与活动构造，区域可持续发展，海洋物理学，地理信息系统，空间物理	7	12800

1 《2014 年度国家自然科学基金项目指南》：http://www.NSFc.gov.cn/NSFc/cen/xmzn/2014xmzn/index.html。

续表

学科	研究领域	项目数（个）	总资助金额（万元）
数理科学部	基础物理学，偏微分方程，原子和分子物理，生物力学，粒子物理与核物理实验方法与技术，电子结构、电学、磁学和光学性质，流体力学，电子结构、电学、磁学和光学性质，星系和类星体	10	17000
生命科学部	认知科学，植物结构生物学，作物种质资源与遗传育种学，发育生物学，细胞及亚细胞结构与功能	5	6000
工程与材料科学部	机械动力学，煤炭地下开采，金属材料的力学行为，无机非金属类光电信息与功能材料，有机高分子功能材料，防灾工程	6	8400
化学科学部	无机材料化学，电化学，光化学和辐射化学，有机化工，元素有机化学	5	6000
信息科学部	机器人学及机器人技术，信号理论与信号处理，计算机软件	3	3600

2014 年度国家自然科学基金资助金额和项目数最多的学科为数理科学部，共资助 10 个项目，总金额为 17000 万元，其次为医学科学部和地球科学部，资助项目均为 7 个，金额分别为 12500万元和 12800 万元。其中数理科学部中，重点资助的领域为原子和分子物理及偏微分方程；医学科学部中重点资助的领域为血管发生异常及血管结构与功能异常；地球科学部中重点资助的领域为大气环境与全球气候变化；此外，肺循环及肺血管疾病、基础物理学和环境地质学和灾害地质学也是 2014 年度自然基金重点资助的领域。

二、国家重点基础研究发展计划项目资助研究领域

国家重点基础研究发展计划（973计划）是具有明确国家目标、对国家的发展和科学技术的进步具有全局性和带动性的基础研究发展计划，旨在解决国家战略需求中的重大科学问题，以及对人类认识世界将会起到重要作用的科学前沿问题，提升我国基础研究自主创新能力，为国民经济和社会可持续发展提供科学基础，为未来高新技术的形成提供源头创新。十多年来，973 计划始终坚持面向国家重大需求，立足国际科学发展前沿，解决中国经济社会发展和科技自身发展中的重大科学问题，显著提升了中国基础研究创新能力和研究水平，带动了中国基础科学的发展，培养和锻炼了一支优秀的基础研究队伍，形成了一批高

水平的研究基地，为经济建设、社会可持续发展提供了科学支撑。

自 1998 年实施以来，973 计划围绕农业、能源、信息、资源环境、人口与健康、材料、综合交叉与重大科学前沿等领域进行战略部署，并于 2006 年后启动了蛋白质研究、量子调控研究、纳米研究、发育与生殖研究、全球变化研究及干细胞研究六个重大科学研究计划。

对 2014 年度批准的 973 计划项目（共 148 项）进行分析，研究领域依据科技部发布的《国家重点基础研究发展计划和重大科学研究计划 2014 年重要支持方向》[1]进行分类，由于 973 计划项目实行“2+3”的管理模式，因此现阶段仅公布前两年的资助金额（见表 7-8）。

表 7-8　2014 年 973 计划项目资助研究领域

学科	领域	项目数（个）	前两年资助金额（万元）
农业科学	主要粮食作物全基因组选择育种，大宗农副产品高产优质的分子基础，农林鼠害和农作物病害发生的多因素互作机制及防控策略，提高农业动物繁殖率的生理学及相关遗传调控研究，农业动物营养物质高效利用，草原生态系统功能提升及其调控机理	10	10877
能源科学	煤炭中有害元素的分布富集机理及环境污染防治，非常规致密油（页岩油）形成机理、富集规律与资源潜力，致密油气藏的高效开发，人工光合成的基础，新型高压直流输电装备和系统的关键科学问题，微型能源动力系统的理论与方法，大容量工业储能的科学基础，燃气轮机高效清洁热功转换理论	11	9990
信息科学	具有重要应用前景的原创性新型信息器件研究，支撑节能信息系统的光子和电子器件研究，新型通信复用体制基础理论，深空与临近空间的信息传输理论，大数据计算的基础研究，面向三元空间的感知认知和智能控制，云计算安全研究，安全攸关软件系统的共性理论和构造方法	13	11732
资源环境科学	造山带弧盆体系构造-岩浆-成矿机理，华南地质构造特点及大规模低温成矿理论，东南丘陵区红壤酸化过程、阻控机制与生态系统生产力恢复，我国典型土壤复合有机污染特征、界面过程与修复，大气成分理化特征及其与气候系统相互作用，雷电重大灾害天气系统的过程、动力、微物理和成灾机理，热带海洋生态系统动力学与生物资源可持续利用	10	8902

1《国家重点基础研究发展计划和重大科学研究计划2014年重要支持方向》: http://www.most.gov.cn/tztg/201302/t20130201_99485.htm。

续表

学科	领域	项目数（个）	前两年资助金额（万元）
人口与健康科学	脑卒中发生与防治的基础研究，重要单基因遗传病发生的分子机制，自身免疫病发生机制及控制策略，肿瘤异质性机制在个体化治疗方案和肿瘤抗药机制中的系统生物学研究，肿瘤免疫学的机理及其应用，周围神经损伤以及损伤后神经再生与中枢神经重塑的机制，循环 miRNA 生物学功能及临床应用，糖尿病继发血管或器官病变的机理与干预研究，重要传染病基础研究，中医理论，周围神经损伤以及损伤后神经再生与中枢神经重塑的机制	18	14630
材料科学	海洋工程装备材料腐蚀和防护，复杂多元有色金属矿产资源清洁高效利用的科学基础，高效有机光电材料及其器件集成，轨道交通用高质量金属结构材料研究，高性能聚酰亚胺薄膜和纤维制备，稀土功能材料高性能化，高性能近-中红外激光材料及器件，材料设计与制备的新概念、新原理和新方法	10	8503
综合交叉科学	大型飞机基础研究，深海科学研究，合成生物学，大型飞机基础研究，深海科学研究，污染、灾害的成因机理与交通安全风险防控	12	11414
重大科学前沿	非晶体系的时空关联及非平衡特征，新型导航理论探索，团簇多级结构的构筑与功能调控，洋壳登录机理及其成矿作用，异常生命活动的微尺度基础研究等	12	10635
重大科学研究计划	蛋白质研究，量子调控研究，纳米研究，发育与生殖研究，全球变化研究，干细胞研究	52	36429

2014 年度 973 计划前两年资助金额和项目数最多的学科为重大科学研究计划，共资助 52 个项目，前两年资助总金额为 36429 万元，其次为人口与健康科学，共资助 18 个项目，前两年资助总金额为 14630 万元。其中重大科学研究计划中，重点资助的领域为纳米研究和全球变化研究；人口与健康科学中，重点资助的领域为重要传染病基础研究；此外，农业科学中的主要粮食作物全基因组选择育种、能源科学中的非常规致密油（页岩油）形成机理、富集规律与资源潜力、信息科学中的大数据计算的基础研究、综合交叉科学中的合成生物学也是 2014 年度 973 计划项目重点资助的领域。

三、863 计划项目领域分析

1986 年 3 月，面对世界高技术蓬勃发展、国际竞争日趋激烈的严峻挑战，邓小平同志在王大珩、王淦昌、杨嘉墀和陈芳允四位科学家提出的“关于跟踪研究外国战略性高技术发展的建议”上，做出“此事宜速作决断，不可拖延”的重要批示。在充分论证的基础上，党中央、国务院果断决策，于 1986 年 11 月启动实施了国家高技术研究发展计划（863 计划）。目前，863 计划已经成为我国科学技术发展，特别是高技术研究发展的一面旗帜，更为重要的是，863 计划所取得的成就对于提升我国自主创新能力、提高国家综合实力、增强民族自信心等方面发挥了重要作用。

863 计划项目重点资助的研究领域包括信息技术、生物和医药技术、新材料技术、先进制造技术、先进能源技术、资源环境技术、海洋技术、现代农业技术、现代交通技术及地球观测与导航技术。由于保密因素，2014 年度 863 计划资助的具体项目未公开，依据科技部发布的各研究领域《国家高技术研究发展计划（863 计划）、国家科技支撑计划 2014 年度备选项目征集指南》[1]，分析 2014 年 863 计划项目资助的研究领域，如表 7-9 所示。

表 7-9　2014 年 863 计划项目资助研究领域

学科	领域	资助机构
信息技术	网络与通信技术，虚拟现实与数字媒体技术，微电子与光电子技术，信息安全技术	863 计划
生物和医药技术	前沿生物技术主题，医药生物技术主题，现代医学技术主题，工业生物技术主题，生物资源与安全主题	863 计划
新材料技术	新型电子材料与器件，材料设计制备与安全服役，新型显示，新型功能与智能材料，先进结构与复合材料	863 计划

1 《国家高技术研究发展计划（863 计划）、国家科技支撑计划 2014 年度备选项目征集指南》：http://www.most.gov.cn/tztg/201304/t20130416_100842.htm。

续表

学科	领域	资助机构
先进制造技术	高端装备及关键技术，数字化智能化生产线，基础核心部件，微纳制造技术，制造服务关键技术研发与应用示范，数控一代机械产品创新应用示范工程（三期），太阳能发电，风力发电，储能，智能电网，节能	863 计划
海洋技术	深远海海洋动力环境监测关键技术与系统集成重大项目，海洋生物资源利用技术主题，前沿技术探索	863 计划
现代农业技术	生物种业专题、农林生态环境与控制专题，林业资源培育与高效开发专题，生物质能源、绿色智能农业装备、食品加工与安全、绿色储藏与冷链物流	863 计划
现代交通技术	大型客机设计前期预研技术，城市交通智能化控制技术，交通基础设施智能养护技术，纯电动客车技术，船舶关键技术，城市智能交通联网联控技术，重大交通基础设施建设技术	863 计划
地球观测与导航技术	先进遥感技术主题，地理信息系统技术主题，导航定位技术主题，导航与位置重点专项，空间探测技术主题	863 计划
资源环境技术	大型金属矿产基地资源高效开发技术研究与示范，我国雾霾监测与数值预报模式系统研究	支撑计划
人口与健康	血液净化产品开发，心血管疾病诊疗产品开发	支撑计划

四、国家科技重大专项领域分析

《国家中长期科学技术发展规划纲要（2006—2020 年）》确定了核心电子器件、高端通用芯片及基础软件、极大规模集成电路制造技术及成套工艺、新一代宽带无线移动通信、高档数控机床与基础制造技术、大型油气田及煤层气开发、转基因生物新品种培育、重大新药创制、艾滋病和病毒性肝炎等重大传染病防治、载人航天与探月工程等 16 个重大专项，涉及信息、生物等战略产业领域，能源资源环境和人民健康等重大紧迫问题，以及军民两用技术和国防技术，目前公布的重大专项共有 13 项（见表 7-10）。重大专项是为了实现国家目标，通过核心技术突破和资源集成，在一定时限内完成的重大战略产品、关键共性技术和重大工程，是我国科技发展的重中之重。

表 7-10 国家重大科技专项资助研究领域

领域	专项名称
核高基	核心电子器件、高端通用芯片及基础软件产品专项
集成电路装备	极大规模集成电路制造装备与成套工艺专项
宽带移动通信	新一代宽带无线移动通信网专项
数控机床	高档数控机床与基础制造装备专项
油气开发	大型油气田及煤层气开发专项
大型核电站	大型先进压水堆及高温气冷堆核电站专项
水体污染治理	水体污染控制与治理专项
转基因	转基因生物新品种培育专项
新药创制	重大新药创制专项
传染病防治	艾滋病和病毒性肝炎等重大传染病防治专项
大型飞机	大型飞机专项
高分辨率对地观测系统	高分辨率对地观测系统专项
载人航天与探月工程	载人航天与探月工程专项

五、中科院战略性科技先导专项

中科院战略性先导科技专项是中科院在中国至 2050 年科技发展路线图战略研究基础上，瞄准事关我国全局和长远发展的重大科技问题提出的，是集科技攻关、队伍和平台建设于一体，能够形成重大创新突破和集群优势的战略行动计划。战略性先导科技专项分为前瞻战略科技专项（A 类先导专项）和基础与交叉前沿方向布局（B 类先导专项）两类。

国务院批准中科院组织实施战略性先导科技专项，定位于解决关系国家全局和长远发展的重大科技问题。专项分为 A 类专项与 B 类专项，A 类专项侧重于突破关键核心科技问题，B类专项侧重于在基础与交叉前沿方向布局。目前，中科院已部署10个A类、11个B类先导专项（见表7-11），还有2个A类、5个B类先导专项处于筹备启动阶段。

表7-11　中科院战略性科技先导专项资助研究领域

A类专项	B类专项
干细胞与再生医学研究	量子系统的相干控制
未来先进核裂变能	脑功能联结图谱
空间科学	青藏高原多层圈相互作用及其资源环境效应
应对气候变化的碳收支认证及相关问题	超导电子器件应用基础研究
面向感知中国的新一代信息技术研究	大气灰霾追因与控制
低阶煤清洁高效梯级利用	海斗深渊前沿科技问题研究与攻关
分子模块设计育种创新体系	拓扑与超导新物态调控
变革性纳米科学与纳米技术聚焦	生物超大分子复合体的结构、功能与调控
江门中微子实验	宇宙结构起源——从银河系的精细刻画到深场宇宙的统计描述
热带西太平洋海洋系统物质能量交换及其影响	页岩气勘探开发基础理论与关键技术
—	国家数学与交叉科学中心

六、中国科技项目资助研究领域

综合分析国家自然科学基金项目、973计划项目、863计划项目、国家科技重大专项、中国科学院战略性先导科技专项2014年资助的重点学科及领域，2014年度中国资助项目的重点领域为：心血管疾病、纳米研究、大气环境和全球变化研究、粮食作物基因育种研究、大数据计算研究、航空航天研究、油气开发研究及合成生物学研究。

第三节　中国科技战略规划重点领域

一、国家战略规划研究领域

1.《国家中长期科学技术发展规划纲要》重点领域

《国家中长期科学技术发展规划纲要（2006—2020 年）》[1]简介：2006 年 2 月 9 日，中华人民共和国国务院发布《国家中长期科学和技术发展规划纲要（2006—2020 年）》（以下简称《纲要》）。《纲要》提出，到 2020 年，中国科学技术发展的总体目标是：自主创新能力显著增强，科技促进经济社会发展和保障国家安全的能力显著增强，为全面建设小康社会提供强有力的支撑；基础科学和前沿技术研究综合实力显著增强，取得一批在世界具有重大影响的科学技术成果，进入创新型国家行列，为在 21 世纪中叶成为世界科技强国奠定基础。《纲要》成为指导中国今后一段时期科学技术发展的重要文件。

《纲要》确定了 11 个国民经济和社会发展的重点领域，并从中选择任务明确、有可能在近期获得技术突破的 68 项优先主题进行重点安排；共安排了 16 个重大专项，重点安排 8 个技术领域的 27 项前沿技术，18 个基础科学问题，并提出实施 4 个重大科学研究计划，为我国进入创新型国家行列提供可靠保障，其中部分重点领域和前沿技术已发布（见表 7-12）。

---

1 《国家中长期科学技术发展规划纲要（2006—2020 年）》：http://www.most.gov.cn/mostinfo/xinxifenlei/gjkjgh/200811/t20081129_65774.htm。

表 7-12 《国家中长期科学技术发展规划纲要（2006—2020 年）》重点发展领域

学科	领 域	规划类型	规划时间(年)	发布机构
能源	工业节能，煤的清洁高效开发利用、液化及多联产，复杂地质油气资源勘探开发利用，可再生能源低成本规模化开发利用，超大规模输配电和电网安全保障	重点领域	2006—2020	国务院
水和矿产资源	水资源优化配置与综合开发利用，综合节水，海水淡化，资源勘探增储，矿产资源高效开发利用，海洋资源高效开发利用，综合资源区划	重点领域	2006—2020	国务院
环境	综合治污与废弃物循环利用，生态脆弱区域生态系统功能的恢复重建，海洋生态与环境保护，全球环境变化监测与对策	重点领域	2006—2020	国务院
农业	种质资源发掘、保存和创新与新品种定向培育，畜禽水产健康养殖与疫病防控，农产品精深加工与现代储运，农林生物质综合开发利用，农林生态安全与现代林业，环保型肥料、农药创制和生态农业，多功能农业装备与设施，农业精准作业与信息化，现代奶业	重点领域	2006—2020	国务院
制造业	基础件和通用部件，数字化和智能化设计制造，流程工业的绿色化、自动化及装备，可循环钢铁流程工艺与装备，大型海洋工程技术与装备，基础原材料，新一代信息功能材料及器件，军工配套关键材料及工程化	重点领域	2006—2020	国务院
交通运输业	交通运输基础设施建设与养护技术及装备，高速轨道交通系统，低能耗与新能源汽车，高效运输技术与装备，智能交通管理系统，交通运输安全与应急保障	重点领域	2006—2020	国务院
信息产业及现代服务业	现代服务业信息支撑技术及大型应用软件，下一代网络关键技术与服务，高效能可信计算机，传感器网络及智能信息处理，数字媒体内容平台，高清晰度大屏幕平板显示，面向核心应用的信息安全	重点领域	2006—2020	国务院
人口与健康	安全避孕节育与出生缺陷防治，心脑血管病、肿瘤等重大非传染疾病防治，城乡社区常见多发病防治，中医药传承与创新发展，先进医疗设备与生物医用材料	重点领域	2006—2020	国务院
城镇化与城市发展	城镇区域规划与动态监测，城市功能提升与空间节约利用，建筑节能与绿色建筑，城市生态居住环境质量保障，城市信息平台	重点领域	2006—2020	国务院
生物技术	靶标发现技术，动植物品种与药物分子设计技术，基因操作和蛋白质工程技术，基于干细胞的人体组织工程技术，新一代工业生物技术	前沿技术	2006—2020	国务院
新一代工业生物技术	智能感知技术，自组织网络技术，虚拟现实技术	前沿技术	2006—2020	国务院
新材料技术	智能材料与结构技术，高温超导技术，高效能源材料技术	前沿技术	2006—2020	国务院
先进制造技术	极端制造技术，智能服务机器人，重大产品和重大设施寿命预测技术	前沿技术	2006—2020	国务院

续表

学科	领　域	规划类型	规划时间(年)	发布机构
先进能源技术	氢能及燃料电池技术，分布式供能技术，快中子堆技术，磁约束核聚变	前沿技术	2006—2020	国务院
海洋技术	海洋环境立体监测技术，大洋海底多参数快速探测技术，天然气水合物开发技术，深海作业技术	前沿技术	2006—2020	国务院
	生命过程的定量研究和系统整合，凝聚态物质与新效应，物质深层次结构和宇宙大尺度物理学规律，核心数学及其在交叉领域的应用，地球系统过程与资源、环境和灾害效应，新物质创造与转化的化学过程，脑科学与认知科学，科学实验与观测方法、技术和设备的创新	科学前沿问题	2006—2020	国务院
	人类健康与疾病的生物学基础，农业生物遗传改良和农业可持续发展中的科学问题，人类活动对地球系统的影响机制，全球变化与区域响应，复杂系统、灾变形成及其预测控制，能源可持续发展中的关键科学问题，材料设计与制备的新原理与新方法，极端环境条件下制造的科学基础，航空航天重大力学问题，支撑信息技术发展的科学基础	基础研究	2006—2020	国务院

2.《国家重大科技基础设施建设中长期规划（2012—2030 年）》重点领域

为明确未来 20 年我国重大科技基础设施发展方向和“十二五”时期建设重点，根据国务院的总体部署，国家发展改革委会同科技部、财政部等共 9 个部门共同研究编制了《国家重大科技基础设施建设中长期规划（2012—2030 年）》[1]（以下简称《规划》）。《规划》展望到 2030 年，对未来 20 年设施的发展方向和路径进行了描绘，同时，为体现阶段性目标，指导当前建设工作，《规划》明确了“十二五”期间的重点建设任务。

《规划》指出，未来 20 年，我国将瞄准科技前沿研究和国家重大战略需求，根据重大科技基础设施发展的国际趋势和国内基础，以能源、生命、地球系统与环境、材料、粒子物理和核物理、空间和天文、工程技术 7 个科学领域为重点（见表 7-13）。

1《国家重大科技基础设施建设中长期规划（2012—2030 年）》：http://www.gov.cn/zwgk/2013-03/04/content_2344891.htm。

表 7-13 《国家重大科技基础设施建设中长期规划（2012—2030 年）》重点发展领域

学科	领域	规划时间（年）	发布机构
能源科学	核能源，化石能源，可再生能源	2012—2030	国务院
生命科学	现代医学，农业科学，生命科学前沿，生命科学研究基础支撑	2012—2030	国务院
地球系统与环境科学	现场探测与观测，基准系统建设，数值和实验模拟	2012—2030	国务院
材料科学	材料表征与调控，工程材料实验	2012—2030	国务院
粒子物理和核物理科学	粒子物理，核物理	2012—2030	国务院
空间和天文科学	宇宙和天体物理，太阳及日地空间观测，空间环境物质研究	2012—2030	国务院
工程技术科学	信息技术，岩土工程，空气动力学	2012—2030	国务院

能源科学中，以核能源开发与安全运行、化石能源高效洁净利用与转化、可再生能源规模化利用等领域为研究重点。生命科学中，以综合解析复杂生命系统运动规律、生物学和医学基础研究向临床应用转化、种质资源保护开发与现代化育种等领域为研究重点。地球系统与环境科学中，以地球结构演化与变化过程、地壳物质组成和精细结构、地球系统各圈层间复杂作用及其耦合过程、太阳及其活动控制下各圈层的响应与耦合、人类活动影响环境的过程和机理等领域为研究重点。材料科学中，以量子物质演生现象、纳米尺度量子结构、极端条件下材料物性与物质演变、重要工程材料服役性能等领域为研究重点。粒子物理和核物理科学中，以超越标准模型新粒子和新物理探索、暗物质和暗能量探测、中低能核物理与核天体物理研究等领域为研究重点。空间和天文科学中，以宇宙天体起源及演化、太阳活动及对地球的影响、空间环境与物质作用等领域为研究重点。工程技术科学中，以岩土地质体的动力特性、地质灾害过程等领域为研究重点。

《规划》在“十二五”时期优先安排 16 项重大科技基础设施建设，包括海底科学观测网、高能同步辐射光源验证装置、加速器驱动嬗变研究装置、综合极端条件实验装置、强流重离子加速器、高效低碳燃气轮机试验装置、高海拔宇宙线观测站、未来网络试验设施、空间环境地面模拟装置、转化医学研究设施、中国南极天文台等，如表 7-14 所示。

表 7-14　《国家重大科技基础设施建设中长期规划（2012—2030 年）》重点发展领域

学科	领域	规划时间（年）	发布机构
能源科学	加速器驱动嬗变研究装置，高效低碳燃气轮机试验装置	2012—2015	国务院
生命科学	转化医学研究设施，模式动物表型与遗传研究设施	2012—2015	国务院
地球系统与环境科学	海底科学观测网，精密重力测量研究设施，地球系统数值模拟器	2012—2015	国务院
材料科学	高能同步辐射光源验证装置，综合极端条件实验装置，上海光源线站工程	2012—2015	国务院
粒子物理和核物理科学	强流重离子加速器，高海拔宇宙线观测站	2012—2015	国务院
空间和天文科学	空间环境地面模拟装置，中国南极天文台	2012—2015	国务院
工程技术科学	未来网络试验设施，大型低速风洞	2012—2015	国务院

3．三大战略规划

（1）一带一路领域

“一带一路”[1]是“丝绸之路经济带”和“21 世纪海上丝绸之路”的简称。它将充分依靠中国与有关国家既有的双多边机制，借助既有的、行之有效的区域合作平台，借用古代丝绸之路的历史符号，高举和平发展的旗帜，积极发展与沿线国家的经济合作伙伴关系，共同打造政治互信、经济融合、文化包容的利益共同体、命运共同体和责任共同体。“一带一路”经济区开放后，承包工程项目突破了 3000 个。

2013 年 9 月和 10 月由中国国家主席习近平分别提出建设“新丝绸之路经济带”和“21 世纪海上丝绸之路”的战略构想。“一带一路”建设是一项系统工程，要坚持共商、共建、共享原则，积极推进沿线国家发展战略的相互对接。为推进实施“一带一路”重大倡议，让古丝绸之路焕发新的生机活力，以新的形式使亚欧非各国联系更加紧密，互利合作迈向新的历史高度，

1 一带一路：http://www.xinhuanet.com/fortune/cjzthgjj/104.htm。

中国政府特制定并发布《推动共建丝绸之路经济带和21世纪海上丝绸之路的愿景与行动》。

“一带一路”贯穿亚欧非大陆，一头是活跃的东亚经济圈，另一头是发达的欧洲经济圈，中间广大腹地国家经济发展潜力巨大。沿线各国资源禀赋各异，经济互补性较强，彼此合作潜力和空间很大。一带一路重点领域如表7-15所示。

表7-15 一带一路重点领域

编号	重点领域	编号	重点领域
1	基础设施绿色低碳化建设和运营管理	12	清洁
2	海上物流信息化	13	可再生能源
3	航空基础设施	14	能源资源深加工技术
4	能源基础设施区域电网升级	15	装备与工程，新一代信息技术
5	区域电网升级	16	生物
6	跨境光缆等通信干线网络建设	17	新能源
7	海水淡化	18	新材料
8	海洋生物制药	19	生态环境
9	海洋工程技术	20	生物多样性和应对气候变化
10	环保产业	21	传染病领域
11	传统能源资源勘探开发		

（2）京津冀一体化领域

中国国务院总理李克强在2014年3月5日作政府工作报告时指出，加强环渤海及京津冀地区经济协作[1]。习近平总书记在听取京津冀协同发展工作汇报时强调，实现京津冀协同发展是一个重大国家战略，要坚持优势互补、互利共赢、扎实推进，加快走出一条科学持续的协同发展路子。京津冀一体化重点领域如表7-16所示。

1 京津冀一体化解读：http://zhuanti.focus.cn/house/2014/jingjinjiyitihua/。

表 7-16　京津冀一体化重点领域

编号	重点领域
1	交通基础设施
2	治理大气污染
3	水环境改善
4	清洁能源利用
5	再生资源回收处理
6	环境技术
7	健康医疗

（3）长江经济带领域

长江是货运量位居全球内河第一的黄金水道，长江通道是我国国土空间开发最重要的东西轴线，在区域发展总体格局中具有重要战略地位。依托黄金水道推动长江经济带发展，打造中国经济新支撑带，是党中央、国务院审时度势，谋划中国经济新棋局做出的既利当前又惠长远的重大战略决策。为进一步开发长江黄金水道，加快推动长江经济带发展，国务院发布了关于依托黄金水道推动长江经济带发展的指导意见。为了统筹长江经济带交通基础设施建设，加强各种运输方式有机衔接，完善综合交通运输体系，编制了《长江经济带综合立体交通走廊规划》[1]，规划期为 2014—2020 年。京津冀一体化重点领域如表 7-17 所示。

表 7-17　京津冀一体化重点领域

编号	规划领域	编号	规划领域	编号	规划领域
1	信息化和工业化深度融合	6	水土保持有效	11	污物处理
2	资源保护带	7	物联网	12	新能源车辆
3	水资源管理	8	溢油防治	13	云计算
4	互联网	9	清洁燃料	14	污染排放
5	污染防治	10	大数据	15	清洁能源车辆

1 长江经济带：http://dangxiao.fudan.edu.cn/08/37/c7875a67639/page.htm。

续表

编号	规划领域	编号	规划领域	编号	规划领域
16	人工智能	29	生态流量充足	42	高效清洁燃煤
17	生态隔离带	30	集疏运体系建设	43	多式联运
18	绿色循环低碳发展	31	智能电网	44	绿色低碳
19	智能服务	32	区域现代农业	45	分布式能源
20	江湖关系和谐	33	扩大三峡枢纽通过能力	46	生态环境监管和保护
21	节能环保船舶	34	智能物流	47	资源节约
22	智能航道技术	35	特色农业	48	绿色建筑和新能源汽车
23	流域水质优良	36	绿色能源	49	生态系统修复
24	航道整治和梯级渠化	37	安全保障	50	环境保护
25	安全监管	38	生态农业	51	页岩气勘查
26	山洪灾害防治	39	新能源	52	环境综合治理
27	优化港口功能布局	40	临空经济	53	节能减排
28	应急保障	41	生物种类多样		

4. 中国制造“2025”发展领域

2014 年 1 月，中国工程院启动“制造强国战略研究”咨询项目，由中国工程院院长周济亲自挂帅，组织 50 多位院士和 100 多位专家开展调研，于 2015 年年初提出在 2025 年进入制造强国行列的指导方针和优先行动。《中国制造 2025》[1]由百余名院士专家着手制定，为中国制造业未来 10 年设计顶层规划和路线图，通过努力实现中国制造向中国创造、中国速度向中国质量、中国产品向中国品牌三大转变，推动中国到 2025 年基本实现工业化，迈入制造强国行列。2015 年政府工作报告提出，要实施“中国制造 2025”，坚持创新驱动、智能转型、强化基础、绿色发展，加快从制造大国转向制造强国。在这一过程中，智能制造是主攻方向，也是从制造大国转向制造强国的根本路径。

经李克强总理签批，国务院印发《中国制造2025》，部署全面推进实施制

1 中国制造 2015 十大重点领域：http://news.xinhuanet.com/finance/2015-05/20/c_127819790.htm。

造强国战略。这是我国实施制造强国战略第一个十年的行动纲领。“中国制造2025”提出了我国制造强国建设三个十年的“三步走”战略，是第一个十年的行动纲领。“中国制造2025”应对新一轮科技革命和产业变革，立足我国转变经济发展方式实际需要，围绕创新驱动、智能转型、强化基础、绿色发展、人才为本等关键环节，以及先进制造、高端装备等重点领域，提出了加快制造业转型升级、提升增效的重大战略任务和重大政策举措，力争到2025年从制造大国迈入制造强国行列。

《中国制造2025》提出，坚持“创新驱动、质量为先、绿色发展、结构优化、人才为本”的基本方针，坚持“市场主导、政府引导，立足当前、着眼长远，整体推进、重点突破，自主发展、开放合作”的基本原则，通过“三步走”实现制造强国的战略目标：第一步，到2025年迈入制造强国行列；第二步，到2035年我国制造业整体达到世界制造强国阵营中等水平；第三步，到新中国成立100年时，我制造业大国地位更加巩固，综合实力进入世界制造强国前列。

受国家制造强国建设战略咨询委员会委托，中国工程院围绕《中国制造2025》确定的新一代信息通信技术产业、高档数控机床和机器人、航空航天装备、海洋工程装备及高技术船舶、先进轨道交通装备、节能与新能源汽车、电力装备、农业装备、新材料、生物医药及高性能医疗器械十大重点领域未来十年的发展趋势、发展重点和目标等进行了研究，提出了十大重点领域创新的方向和路径，并将其汇编成册，称为《〈中国制造2025〉重点领域技术路线图（2015年版）》，并于2015年9月29日发布，路线图包括10大重点领域，23个重点方向（见表7-18），每个重点方向又分了若干重点产品。

表7-18 中国制造2025重点发展领域

发展领域	重点方向
新一代信息通信技术产业	集成电路及专用设备、信息通信设备、操作系统与工业软件、智能制造核心信息设备
高档数控机床和机器人	高档数控机床与基础制造装备、机器人

续表

发展领域	重点方向
航空航天装备	飞机、航空发动机、航空机载设备与系统、航天装备
海洋工程装备及高技术船舶	海洋工程装备及高技术船舶
先进轨道交通装备	先进轨道交通装备
节能与新能源汽车	节能汽车、新能源汽车、智能网联汽车
电力装备	发电装备、输变电装备
农业装备	农业装备
新材料	重大新药创制专项
生物医药及高性能医疗器械	艾滋病和病毒性肝炎等重大传染病防治专项

5.“十三五”规划发展领域

中华人民共和国国民经济和社会发展第十三个五年规划纲要，简称“十三五”规划[1]，规划纲要依据《中共中央关于制定国民经济和社会发展第十三个五年规划的建议》编制，主要阐明国家战略意图，明确政府工作重点，引导市场主体行为，是2016—2020年中国经济社会发展的宏伟蓝图，是各族人民共同的行动纲领，是政府履行经济调节、市场监管、社会管理和公共服务职责的重要依据。五年规划，是中国国民经济计划的重要部分，属长期计划，主要是对国家重大建设项目、生产力分布和国民经济重要比例关系等做出规划，为国民经济发展远景规定目标和方向。

《中华人民共和国国民经济和社会发展第十三个五年规划纲要》要求，瞄准技术前沿，把握产业变革方向，围绕重点领域，优化政策组合，拓展新兴产业增长空间，抢占未来竞争制高点，使战略性新兴产业增加值占国内生产总值比重达到15%。

“十三五”规划发展领域包括：

（1）加快突破新一代信息通信、新能源、新材料、航空航天、生物医药、

1 “十三五”规划：http://sh.xinhuanet.com/2016-03/18/c_135200400_16.htm。

智能制造等领域核心技术。

（2）加强深海、深地、深空、深蓝等领域的战略高技术部署。

（3）加快能源、生命、地球系统与环境、材料、粒子物理和核物理、空间和天文、工程技术等科学领域和部分多学科交叉领域国家重大科技基础设施建设。

（4）支持新一代信息技术、新能源汽车、生物技术、绿色低碳、高端装备与材料、数字创意等领域的产业发展壮大。大力推进先进半导体、机器人、增材制造、智能系统、新一代航空装备、空间技术综合服务系统、智能交通、精准医疗、高效储能与分布式能源系统、智能材料、高效节能环保、虚拟现实与互动影视等新兴前沿领域创新和产业化，形成一批新增长点。

（5）在空天海洋、信息网络、生命科学、核技术等领域，培育一批战略性产业。

（6）重点突破大数据和云计算关键技术、自主可控操作系统、高端工业和大型管理软件、新兴领域人工智能技术。

（7）组织实施“互联网+”重大工程。

“十三五”规划重点领域如表 7-19 所示。

表 7-19　“十三五”规划重点领域

战略部署	重点领域
重大科技项目（科技创新 2030）	航空发动机及燃气轮机
	深海空间站
	量子通信与量子计算
	脑科学与两位闹眼睛
	国家网络空间安全
	深空探测及空间飞行器在轨服务与维护系统
重大工程（科技创新 2030）	种业自主创新
	煤炭清洁高效利用

续表

战略部署	重点领域
重大工程（科技创新 2030）	智能电网
	天地一体化信息网络
	大数据
	智能制造和机器人
	重点新材料研发及应用
	京津冀环境综合治理
	健康保障
农业现代化重大工程	高标准农田建设
	现代种业
	节水农业
	农业机械化
	智慧农业
	农产品质量安全
	新型农业经营主体培育
	农村一二三融合发展
高端装备创新发展工程	航空航天装备
	海洋工程装备及高技术船舶
	先进轨道交通装备
	高档数控机床
	机器人装备
	现代农机设备
	高性能医疗器械
	先进化工成套设备
战略性新兴产业发展行动	新一代信息技术产业创新
	生物产业倍增
	空间信息智能感知
	储能与分布式能源
	高端材料
	新能源汽车
能源发展重大工程	高效智能电力系统
	煤炭清洁高效利用

续表

战略部署	重点领域
能源发展重大工程	可再生能源
	核电
	非常规油气
	能源运输通道
	能源储备设施
	能源关键技术装备
海洋重大工程	蓝色海湾整治
	蛟龙探海
	雪龙探极
	全球海洋立体观察网

6. 国务院相关战略规划重点领域

（1）2015年全国两会重点领域

“两会”并不是一个特定的机构名称，而是对自1978年以来历年召开的“中华人民共和国全国人民代表大会”和“中国人民政治协商会议”的统称。由于两场会议会期基本重合，而且对于国家运作的重要程度都非常高，故简称“两会”。根据中国宪法规定：“两会”召开的意义在于将“两会”代表从人民中得来的信息和要求进行收集及整理，传达给党中央。“两会”代表是代表着广大选民的利益的，代表着选民在召开两会期间，向政府有关部门提出选民们自己的意见和要求。第十二届全国人民代表大会第三次会议和政协第十二届全国委员会第三次会议，分别于2015年3月5日和3月3日在北京开幕。

2015年3月5日上午9时，十二届全国人大三次会议在人民大会堂开幕，国务院总理李克强在会上作了政府工作报告[1]。2015年3月11日上午10时

1 2015年政府工作报告（全文实录）：http://lianghui.people.com.cn/2015npc/n/2015/0305/c394298-26642056.html。

45 分，科技部部长万钢在梅地亚中心多功能厅就科技改革与发展回答中外记者提问[1]。他指出，在过去的一年，在基础研究领域，生命科学、基因工程、新型铁基超导材料、暗物质实验室等方面都有重大成果；在战略高技术研究领域，“天河二号”、航天探月、“高分二号”、“快舟二号”、深水钻井平台、深海探测、杂交水稻、云技术等有了重大突破；在产业发展领域，高铁设计、新能源汽车有了新的进展；重大技术装备领域，特高压输变电、核电、水电等也开始走向世界；在农业科技创新领域，“粮食丰产科技工程”、创新医疗器械、重大疾病的协同研究正在全面推进。此外，互联网产业、电子商务、社交平台、O2O 快速发展，这其中有我们第四代移动通信、移动互联网、宽带中国、超级计算、大型服务器、智能终端。在接下来的科技战略规划中，应该着力发展中国制造2025、互联网+、大数据、云计算应用、智能汽车、智能制造、集成电路、汽车发动机等重点领域（见表 7-20）。

表 7-20　重点发展科技领域

战略部署	重点领域
全国两会万钢部长答记者问（2015 年）	制造 2025
	互联网+
	大数据
	云计算应用
	智能汽车
	智能制造
	集成电路
	汽车发动机

（2）博鳌亚洲论坛领域分析

博鳌亚洲论坛（Boao Forum for Asia，BFA）[2]由 25 个亚洲国家和澳大利亚发起，于 2001 年 2 月 27 日在海南省琼海市万泉河入海口的博鳌镇召开大

1 科技部部长答记者问：http://live.people.com.cn/note.php?id= 1077150307095958_ctdzb_033。

2 博鳌亚洲论坛 2015 年会：http://www.boaoforum.org/。

会，正式宣布成立。论坛为非官方、非营利性、定期、定址的国际组织，为政府、企业及专家学者等提供一个共商经济、社会、环境及其他相关问题的高层对话平台，海南博鳌为论坛总部的永久所在地。2015 年 3 月 26—29 日，2015 年度博鳌论坛在海南博鳌举行，主题为“亚洲新未来：迈向命运共同体”。来自俄罗斯、美国、英国等 17 个国家的 20 多位媒体负责人会聚“媒体领袖圆桌会议”，围绕“凝聚丝路共识，共绘媒体合作新未来”的主议题，共同探讨跨文化传播的新理念，描绘媒体未来合作发展蓝图。

本次论坛为期四天，共设置 77 场正式讨论，包括 2 场全体大会、41 场分论坛、6 场圆桌讨论等，议题涉及宏观经济、区域合作、产业转型、技术创新、政治安全、社会民生六大领域，以及成为讨论的热点及今后将重点发展的领域（见表 7-21）。

表 7-21　博鳌亚洲论坛重点发展领域

战略部署	重点领域
博鳌亚洲论坛（2015 年）	互联网+
	中医药
	食品安全
	非传染性重大疾病
	气候变化（雾霾治理）
	大数据
	能源安全
	智能医疗
	一带一路
	新能源汽车
	3D 打印
	水安全与土壤污染
	人工智能

（3）《能源发展战略行动计划（2014—2020 年）》重点领域

国务院办公厅正式印发了《能源发展战略行动计划（2014—2020 年）》[1]

1 能源发展行动计划：http://www.gov.cn/zhengce/content/2014-11/19/content_9222.htm。

（以下简称《行动计划》），明确了 2020 年我国能源发展的总体目标、战略方针和重点任务，部署推动能源创新发展、安全发展、科学发展。

《行动计划》明确了 2020 年我国能源发展将坚持“节约、清洁、安全”的战略方针，加快构建清洁、高效、安全、可持续的现代能源体系。重点实施四大战略：节约优先战略、立足国内战略、绿色低碳战略和创新驱动战略。

《行动计划》明确了我国能源发展的五项战略任务：①增强能源自主保障能力；②推进能源消费革命；③优化能源结构；④拓展能源国际合作；⑤推进能源科技创新。

《行动计划》确立了 9 个重点创新领域、20 个重点创新方向，以及国家科技重大专项和重大示范工程，如表 7-22 所示。

表 7-22 《能源发展战略行动计划（2014—2020 年）》重点发展领域

战略部署	
9 个重点创新领域	非常规油气及深海油气勘探开发
	煤炭清洁高效利用
	分布式能源
	智能电网
	新一代核电
	先进可再生能源
	节能节水
	储能
	基础材料
20 个重点创新方向	页岩气
	煤层气
	页岩油
	深海油气
	煤炭深加工
	高参数节能环保燃煤发电
	整体煤气化联合循环发电
	燃气轮机

续表

战略部署	
20个重点创新方向	现代电网
	先进核电
	光伏
	太阳能热发电
	风电
	生物燃料
	地热能利用
	海洋能发电
	天然气水合物
	大容量储能
	氢能与燃料电池
	能源基础材料
国家科技重大专项	大型油气田及煤层气开发
	大型先进压水堆及高温气冷堆核电站
重大示范工程	海洋油气和非常规油气勘探开发
	煤炭高效清洁利用
	先进核电
	可再生能源开发
	智能电网

二、主要部委战略规划重点领域

1.《国家“十二五”科学和技术发展规划》重点领域

为贯彻党的十七届五中全会精神和《国民经济和社会发展第十二个五年规划纲要》的战略部署，全面落实科教兴国战略和人才强国战略，深入实施《国家中长期科学和技术发展规划纲要（2006—2020年）》[1]，充分发挥科技进步和创新对加快转变经济发展方式的重要支撑作用，制定了《国家“十二五”

1 《国家“十二五”科学和技术发展规划》：http://www.most.gov.cn/kjgh/。

科学和技术发展规划》（以下简称《规划》）。《规划》提出，“十二五”科技发展的总体目标是：自主创新能力大幅提升，科技竞争力和国际影响力显著增强，重点领域核心关键技术取得重大突破，为加快经济发展方式转变提供有力支撑。基本建成功能明确、结构合理、良性互动、运行高效的国家创新体系，国家综合创新能力世界排名由目前的第 21 位上升至前 18 位，科技进步贡献率力争达到 55%，创新型国家建设取得实质性进展。

《规划》于 2011 年 11 月由科技部正式发布，《规划》指出，在“十二五”期间，必须加快实施核心电子器件、高端通用芯片及基础软件产品等 16 个国家科技重大专项，大力培育和发展节能环保等战略性新兴产业，推进农业农村科技创新等重点领域核心关键技术突破，前瞻部署农业、能源等研究领域的基础研究和前沿技术研究（见表 7-23）。

表 7-23 《国家“十二五”科学和技术发展规划》重点发展领域

学科	领域	规划类型	规划时间（年）	发布机构
节能环保	半导体照明，煤炭清洁高效利用，“蓝天”工程，废物资源化	战略性新兴产业	2011—2015	科技部
新一代信息技术	新型显示，国家宽带网，“中国云”工程	战略性新兴产业	2011—2015	科技部
生物产业	生物医药，生物医用材料，先进医疗设备，生物种业，农业生物药物，先进生物制造	战略性新兴产业	2011—2015	科技部
高端装备制造	高速列车，绿色制造，智能制造，服务机器人，高端海洋工程装备，科学仪器设备	战略性新兴产业	2011—2015	科技部
新能源	风力发电，高效太阳能，生物质能源，智能电网	战略性新兴产业	2011—2015	科技部
新材料	高性能纤维及复合材料，先进稀土材料	战略性新兴产业	2011—2015	科技部
新能源汽车	新能源汽车	战略性新兴产业	2011—2015	科技部
农业农村	粮食丰产科技工程，多功能农业装备，食品绿色和安全加工，海洋农业，节水农业，农村信息化，村镇宜居社区与小康住宅	重点领域	2011—2015	科技部
重点产业	高品质特殊钢，高性能分离膜材料，网络与信息安全，导航与位置服务	重点领域	2011—2015	科技部
现代服务业	数字文化，数字医疗健康，数字生活，电子商务，现代物流，社会化公共服务，科技服务业	重点领域	2011—2015	科技部

续表

学科	领域	规划类型	规划时间（年）	发布机构
能源资源环境技术	海水淡化与综合利用，生态保护与修复示范，环境污染治理示范，可持续发展集成技术应用与示范	重点领域	2011—2015	科技部
农业科学领域	农作物高产，农业动物高产，农田资源高效利用，农林草综合农业系统的可持续发展，有害生物控制，生物安全及农产品安全等	基础研究	2011—2015	科技部
能源科学领域	油气资源勘探与开发，煤炭资源精细探测，绿色开采，高效洁净转换，低品位能源高效热功转换，新能源和可再生能源规模化利用，智能电网，核能发展等	基础研究	2011—2015	科技部
信息科学领域	电子系统集成，新型光电子器件，传感器及其应用，太赫兹源、波调制、控制、传输与接收器件，信息内容安全计算，安全协议，海量信息表示，存储与高效处理等	基础研究	2011—2015	科技部
资源环境科学领域	气候多尺度变化特征，影响气候的重要过程参数化和模式，重要成矿带，我国短缺支柱性矿产及优势矿产，海洋矿产成矿规律，环境污染的机理与控制等	基础研究	2011—2015	科技部
人口与健康科学领域	非传染性慢性复杂疾病，传染性疾病，计划生育与生殖健康，灾害医学，我国不同民族疾病易感性，衰老和衰老相关疾病，中医药，人与环境相互作用等	基础研究	2011—2015	科技部
材料科学领域	先进材料制备科学，复杂服役条件下材料的使用行为与失效，从需求出发的多组元、多层次材料设计与性能模拟等	基础研究	2011—2015	科技部
制造与工程科学领域	极端服役装备设计与强场制造，高速铁路安全监控与保障，信息器件与微纳制造，能源装备设计制造，高性能构件跨尺度制造，生物制造与仿生制造等	基础研究	2011—2015	科技部
综合交叉领域	航空航天中重大力学问题，空间探测与对地观测技术，灾害形成演变规律和防灾减灾法，合成生物学与生物制造等	基础研究	2011—2015	科技部
多学科	蛋白质研究，量子调控研究，纳米研究，发育与生殖研究，全球变化研究，干细胞研究	重大科研计划	2011—2015	科技部
信息技术	光子信息处理，量子通信，量子计算，太赫兹通信，新型计算系统体系，网构软件，海量数据处理，智能感知与交互等重点技术，攻克普适服务，人机物交互等	前沿技术	2011—2015	科技部
生物和医药技术	基因组学及新一代测序技术，蛋白质组学技术，干细胞技术，生物合成技术，生物治疗技术，分子诊断和分子影像技术，生物信息技术，药靶发现与药物分子设计技术等	前沿技术	2011—2015	科技部

续表

学科	领域	规划类型	规划时间（年）	发布机构
新材料技术	微电子子/光电子/磁电子材料与器件，新型功能与智能材料，高性能结构材料，先进复合材料，纳米材料和器件，超导材料，高效能源材料，生态环境材料，低碳排放材料等	前沿技术	2011—2015	科技部
先进制造技术	绿色制造和智能制造，微纳制造技术，重大装备技术，智能机器人技术，系统控制技术，制造服务技术等	前沿技术	2011—2015	科技部
先进能源技术	第四代核能，氢能与燃料电池，海洋能，地热能，二氧化碳捕集、利用与封存等	前沿技术	2011—2015	科技部
资源环境技术	矿产资源与油气资源高效勘探，新型污染物治理技术与装备开发等	前沿技术	2011—2015	科技部
海洋技术	海洋环境监测，海洋油气与矿产资源开发，海洋生物资源利用，深海运载与作业等方面，大力发展深水油气勘探开发，深海潜水器，深远海海洋环境监测和海底观测网等	前沿技术	2011—2015	科技部
现代农业技术	农业生物功能基因组学，动物干细胞、靶标发现与药物分子设计，食品营养品质靶向设计和农业物联网等	前沿技术	2011—2015	科技部
现代交通技术	大运量高速载运，新能源载运，一体化交通系统安全等	前沿技术	2011—2015	科技部
地球观测与导航技术	遥感，地理信息系统，导航定位，深空探测等	前沿技术	2011—2015	科技部

2.《关于落实创新驱动发展战略 加快科技改革发展的意见》领域分析

为贯彻落实中央对科技工作的新要求，加快实施创新驱动发展战略，2015年1月8日，科技部制定并发布了《关于落实创新驱动发展战略 加快科技改革发展的意见》[1]（以下简称《意见》)。《意见》指出，2015年我国将着重部署若干重大基础和前沿科学任务，抢占未来战略制高点，加快实施科技重大专项，提升重点领域核心竞争力，同时全链条部署重点研发计划，解决经济社会发展突出问题。《意见》提出了2015年度重点发展的研究领域，如表7-24所示。

1《中共科学技术部党组关于落实创新驱动发展战略加快科技改革发展的意见》：http://www.most.gov.cn/mostinfo/xinxifenlei/fgzc/gfxwj/gfxwj2015/201501/t20150112_117695.htm。

表 7-24　《关于落实创新驱动发展战略 加快科技改革发展的意见》重点发展领域

学科	领域	规划时间（年）	发布机构
重大基础和前沿科学	脑科学，量子通信，量子计算，干细胞与转化医学，合成生物学，石墨烯，新型电子器件，纳米，蛋白质，发育与生殖，全球气候变化，“深空”，“深海”，“深地”，“深蓝”	2015	科技部
新兴产业	清洁能源，新能源汽车，信息网络，遥感与导航，生物，云计算，移动互联网，物联网，大数据	2015	科技部
制造业基础技术	现代制造企业管控，智能车间，高端成套工艺装备，制造基础共性技术，智能机器人，3D 打印	2015	科技部
新材料	结构，功能，电子，纳米	2015	科技部
现代农业	生物育种，农机装备，信息技术	2015	科技部

3.《国家自然科学基金“十二五”发展规划》重点领域

根据《中华人民共和国国民经济和社会发展第十二个五年规划纲要》的总体部署，结合国家科技、教育和人才规划纲要的具体要求，适应基础研究发展需要，着眼于推进国家自然科学基金“十二五”又好又快发展，国家自然科学基金委员会制定了《国家自然科学基金“十二五”发展规划》[1]（以下简称《规划》）。《规划》提出，到 2015 年，科学基金总体发展目标是：形成更具活力、更富效率、更加开放的中国特色科学基金制；推动学科均衡协调可持续发展，促进若干主流学科进入世界前列；推动高水平基础研究队伍建设，造就一批具有世界影响力的优秀科学家和创新团队；推动我国基础研究整体水平不断提升，显著增强基础研究的国际影响力和若干重要科学领域的自主创新能力，为科技引领经济社会可持续发展、加快建设创新型国家奠定坚实的科学基础。

《规划》经国家自然科学基金委员会六届四次全委会审议通过并正式发布，提出了自然科学基金数理科学部等 8 个学科 2011—2015 年的重点发展领域，如表 7-25 所示。

1　《国家自然科学基金“十二五”发展规划》：http://www.nsfc.gov.cn/nsfc/cen/bzgh_125/index.html。

表 7-25 《国家自然科学基金“十二五”发展规划》重点发展领域

学科	领域	规划时间（年）	发布机构
数理科学部	代数、几何与分析的交叉与融合，非线性、随机性模型和离散结构的数学理论与方法，数学和数据建模、分析与计算，高维/无限维非线性系统动力学与控制，复杂环境下材料与结构的力学响应与破坏机理，非定常复杂流动机理与控制，宇宙和星系的结构、起源与演化，银河系的结构、演化及恒星的形成、晚期演化与太阳活动，新型光场的调控及其与物质相互作用，受限及关联量子系统的新现象和新效应，随机非均匀介质中声传播的表征、控制与作用的物理问题，深层次物质的结构、性质与相互作用，等离子体物理及其数值模拟，物理学实验仪器与实验方法、新技术及其应用，量子信息与未来信息器件的物理基础	2011—2015	自然科学基金委
化学科学部	合成化学，化学结构、分子动态学与化学催化，大分子和超分子化学，复杂体系的理论、模拟与计算，分析测试原理和检测新技术、新方法，绿色与可持续化学，污染物多介质环境过程、效应及控制，化学与生物医学交叉研究，功能导向材料的分子设计与可控制备，能源和资源的清洁转化与高效利用，面向节能减排的过程工程	2011—2015	自然科学基金委
生命科学部	蛋白质的修饰、识别与调控，核酸的结构与功能，干细胞自我更新与定向分化，组织器官发育的调控，免疫反应的细胞和分子机制，生物多样性及维持机制，复杂性状的遗传网络与遗传规律，系统发育与分子进化，系统发育与分子进化，代谢、次级代谢与调控，生物种质资源的发掘与评价，主要农业生物重要性状遗传网络解析，主要农业植物水分、养分需求规律与高效利用机制，主要农业植物病虫害发生规律及防控机制，主要农业动物疾病发生规律和防控，神经细胞和环路的形成及信号处理机制，食品储藏与制造的生物化学基础	2011—2015	自然科学基金委
地球科学部	行星地球环境演化与生命过程，大陆形成演化与地球动力学，矿产资源、化石能源的形成机制与探测理论，天气、气候与大气环境变化的过程与机制，全球环境变化与地球圈层相互作用，人类活动对环境影响的机理，陆地表层系统变化过程与机理，水土资源演变与调控，海洋过程及其资源和环境效应，日地空间环境和空间天气，地球观测与信息提取的新途径和新技术，我国典型地区区域圈层相互作用与资源环境效应	2011—2015	自然科学基金委
工程与材料科学部	光电功能材料，能源材料，环境材料，高性能结构材料，材料科学基础理论、制备与表征技术，资源高效开采与环境的相互作用规律，冶金与材料制备过程中的界面科学，复杂机电系统的功能原理与集成科学，高性能零件/构件的精密制造，化石能源高效清洁利用，二氧化碳捕获与封存（CCS），智能电网基础，城乡建筑节能设计原理与技术体系，环境变迁中的城市科学，海洋工程基础理论与前沿技术，工程结构的全寿命设计与控制	2011—2015	自然科学基金委

续表

学科	领域	规划时间（年）	发布机构
信息科学部	新型信息材料与器件，纳米级集成电路，微纳光子学与光电集成，毫米波、太赫兹与红外器件，高分辨率探测成像，强场与超强场激光技术，传感网络与仿生感知基础，未来无线通信理论与技术，低功耗艾级超级计算、新型计算系统，网络计算，软件技术基础，网络数据挖掘与理解，信息空间安全，多机器人协同与仿生机器人，先进控制理论与技术，复杂系统与复杂网络理论	2011—2015	自然科学基金委
医学科学部	细胞代谢异常与代谢性疾病的发病机制及诊治基础研究，重要心脑血管疾病的发病机制和干预的基础研究，肿瘤发生、发展、转归及肿瘤预防、诊断和治疗新方法的基础研究，重要的医学病原体及其与宿主的相互作用，免疫调节与疾病，精神疾病与心理健康，营养、环境与健康关系的基础研究，衰老及相关疾病，创伤与修复及干细胞、细胞移植与再生医学，生殖健康和妇幼保健的基础研究，基于药物基因组学和系统生物学的药物基础研究，中医方剂基础研究，口腔颌面重要疾病及其防治的基础研究，视/听觉及上呼吸道功能障碍等重要疾病防治的基础研究，肾脏疾病发病机制与预防的基础研究，重要器官组织纤维化的机理与防治基础研究，中医理论与针灸经络基础研究	2011—2015	自然科学基金委

注：管理科学部未列入表内。

4．中科院《“率先行动”计划》领域分析

2014年7月7日，国家科技体制改革和创新体系建设领导小组第七次会议审议通过了《中国科学院“率先行动”计划暨全面深化改革纲要》[1]（以下简称《“率先行动”计划》），《“率先行动”计划》整体规划了中科院到2030年的改革发展路径，即实施“两步走”发展战略，到2030年率先实现科学技术跨越发展、率先建成国家创新人才高地、率先建成国家高水平科技智库、率先建设国际一流科研机构。

《“率先行动”计划》提出了进一步把重点科研力量集中到国家战略需求和世界科技前沿，重点关注未来聚焦发展的五大科研板块，即战略必争领域、重要基础科学和交叉前沿领域、国防科技创新、战略性新兴产业、人口健康和可持续发展领域等，并提出了一些重点发展的领域（见表7-26）。

1 《中国科学院“率先行动”计划暨全面深化改革纲要》：http://www.cas.cn/zt/sszt/cassxxdjh/yw/201412/t20141202_4266568.shtml。

表 7-26 《“率先行动”计划》重点发展领域

学科	领　域	规划时间（年）	发布机构
航天工程	载人航天与月球探测工程，空间飞行器在轨服务与维护系统	2014—2020	中科院
空间科学	空间科学卫星，深海科学探测装备关键技术研发与海试，深部资源探测核心技术研发与应用示范	2014—2020	中科院
共性技术	面向感知中国的新一代信息技术，大数据研究，量子通信技术实用化，机器人，航空发动机和燃气轮机，聚变等离子体物理前沿研究，未来先进核裂变能，国家公共安全治理关键系统与技术装备研发	2014—2020	中科院
基础科学	高温超导材料和机理探索，拓扑超导体和量子自旋霍尔效应，新粒子的发现与研究，单分子光谱与单分子器件，Langlands 纲领和千禧数学问题，特定脑功能联结图谱，生物适应策略与种群关系，青藏高原多圈层相互作用，早期生命与古脊椎动物的起源与演化，华北克拉通破坏，超导电子器件应用基础研究，海斗深渊前沿科技问题研究与攻关，能源相关基元与催化基础科学问题，江门中微子实验，热带西太平洋海洋系统物质能量交换及其影	2014—2020	中科院
交叉前沿领域	量子通信，重要超大分子复合体结构，动物复杂性状的进化解析与调控，介尺度科学	2014—2020	中科院
新兴产业技术	新一代机器人与智能制造系统，高端基础材料，高性能元器件，部件和基础软件，非常规油气的成藏机理及评价体系，氢能利用技术，结构和功能纳米材料，变革性纳米产业制造技术聚焦，面向社会管理与公共服务的规模化物联网示范	2014—2020	中科院
技术示范和产业化	低阶煤清洁高效梯级利用关键技术与示范，铁基浆态床高温费托合成油技术的推广应用，蒸发冷却技术大型发电机组的推广应用，纳米绿色印刷技术的推广应用，攀西钒钛磁铁矿高效清洁综合利用，稀土异戊橡胶的大规模产业化，生物基合成材料产业链突破，氨基酸工业菌种改造与产业升级	2014—2020	中科院
现代农业科技	分子模块设计育种创新体系，“渤海粮仓”科技示范，东北现代农业发展模式示范，科技增地 1 亿亩——策划启动全国盐碱地改造计划，典型县域特色经济产业链示范	2014—2020	中科院
人口健康	干细胞与再生医学研究，重大疾病发生发展机理，重大慢性病防控，药物研发，普惠医疗技术集成与应用体系建设等	2014—2020	中科院
生态环境	大气灰霾追因与控制，应对气候变化的碳收支认证及相关问题，国家生存环境模拟系统，有机废物能高效清洁利用，流域污染控制与饮用水安全保障等	2014—2020	中科院

三、战略规划重点领域

综合分析《国家中长期科学技术发展规划纲要（2006—2020年）》《国家“十二五”科学和技术发展规划》《国家自然科学基金“十二五”发展规划》《国家重大科技基础设施建设中长期规划（2012—2030年）》《“率先行动”计划》，以及《关于落实创新驱动发展战略加快科技改革发展的意见》，各项规划中均提及的中国重点发展的领域包括：地质油气开发与利用、全球变化监测研究、新能源汽车、心脑血管病、肿瘤等重大非传染疾病防治、干细胞研究、高温超导材料研究、航空航天重大力学问题、极端条件下的新材料研究、合成生物学与生物制造、核能利用、海洋环境监测、生物育种与基因研究、互联网+。

第四节　中国科技发展遴选重点领域

综合分析2010—2014年中国的SCI论文研究重点领域、2014年科技项目资助重点领域，以及科技战略规划重点领域得到的重点领域，按照遴选指标的权重进行计算，基于分值的高低，遴选出中国科技发展的Top10重点领域，如表7-27所示。

表7-27　中国科技发展的Top10重点领域

一级指标	学科（25%）			科研资助（35%）		产业社会（40%）		合计
二级指标	学科规模（10%）	影响力（12.5%）	专家判断（2.5%）	项目数（15%）	经费（20%）	当前（25%）	预测（15%）	
心脑血管病和肿瘤等重大非传染疾病防治研究	7	12.5	2	13	19	20	12	85.5
高温超导技术及材料研究	10	8	2.5	11	17	21	13	82.5
全球气候和环境变化研究	7	6	2.5	12	19	23	13	82.5
极端条件下的新材料研究	10	8	2	12	17	19	14	82

续表

一级指标	学科（25%）			科研资助（35%）		产业社会（40%）		合计
二级指标	学科规模（10%）	影响力（12.5%）	专家判断（2.5%）	项目数（15%）	经费（20%）	当前（25%）	预测（15%）	
新能源汽车研究	10	8	2.5	9	16	21	15	81.5
干细胞研究	6	6	2	15	20	20	12	81
农作物基因育种研究	5	6	2	11	18	25	13	80
量子调控研究	10	8	2.5	11	17	19	12	79.5
航空航天装备研究	9	9	2	9	16	21	13	79
大数据计算研究	9	5	2.5	11	18	20	13	78.5

（1）心脑血管病和肿瘤等重大非传染疾病防治研究：主要包括肿瘤学、消化系统肿瘤、肿瘤异质性机制在个体化治疗方案和肿瘤抗药机制中的系统生物学研究、肿瘤免疫学的机理及其应用、肿瘤发生、发展、转归及肿瘤预防、诊断和治疗新方法的基础研究等。

（2）高温超导技术及材料研究：主要包括超导电子器件应用基础研究、拓扑与超导新物态调控、超导材料、高温超导材料和机理探索、超导电子器件应用基础研究、新型铁基超导材料等。

（3）全球气候和环境变化研究：主要包括大气环境与全球气候变化、大气成分理化特征及其与气候系统相互作用、应对气候变化的碳收支认证及相关问题、气候多尺度变化特征、影响气候的重要过程参数化和模式、气候与大气环境变化的过程与机制、全球环境变化与地球圈层相互作用、气候变化（雾霾治理）等。

（4）极端条件下的新材料研究：主要包括新材料技术、新型功能与智能材料、先进结构与复合材料、高效能源材料技术、高性能纤维及复合材料、微电子/光电子/磁电子材料与器件、纳米材料和器件等。

（5）新能源汽车研究：主要包括低能耗与新能源汽车、节能与新能源汽车等。

（6）干细胞研究：主要包括干细胞与再生医学研究、基于干细胞的人体组织工程技术、干细胞技术、动物干细胞、干细胞自我更新与定向分化、创伤与修复及干细胞、干细胞与转化医学等。

（7）农作物基因育种研究：主要包括主要粮食作物全基因组选择育种、大宗农副产品高产优质的分子基础、转基因生物新品种培育、粮食作物基因育种研究、农业生物功能基因组学等。

（8）量子调控研究：主要包括量子系统的相干控制、量子通信、量子计算、受限及关联量子系统的新现象和新效应、量子信息与未来信息器件的物理基础、量子物质演生现象、纳米尺度量子结构、量子通信技术实用化等。

（9）航空航天装备研究：主要包括航空发动机和燃气轮机、航空发动机、航空航天装备、航空基础设施等。

（10）大数据计算研究：主要包括大数据计算的基础研究等。

第八章

Chapter 8

世界主要国家科技发展重点领域

综合分析2010—2014年美国、日本、英国、韩国、欧盟以及中国的SCI论文研究重点领域、2014年科技项目资助重点领域，以及科技战略规划重点领域得到的重点领域，按照遴选指标框架权重计算遴选出美国、日本、英国、韩国、欧盟以及中国科技发展Top10的重点领域，如表8-1所示，由此可以归纳总结出世界主要国家在科技发展重点领域的共性布局及特色布局。

表8-1 世界主要国家和地区科技发展重点领域

单位：分

序号	重点领域	美国	日本	英国	韩国	欧盟	中国
1	材料基因组、新兴工程材料、先进材料	65	—	93	88.5	84	82
2	人工智能与机器人、智能制造	59.5	53.5	84.5	87	74.5	—
3	纳米材料与纳米科学与纳米技术	67	71	81	—	80	—
4	可再生能源及有效利用、绿色能源	85.5	75.5	87.5	—	87.5	—
5	安全和有效的药物、医药健康	75.5	91	86	—	88.75	—
6	生物医学工程与生物材料	—	91	86	93	90	—
7	全球气候和环境变化	—	—	78.25	85.5	84.25	82.5
8	转基因生物技术、基因育种	82	74	86	—	—	80
9	大数据分析与高性能计算及应用	59.5	—	78.5	86	—	78.5
10	基因医学、疾病预测、生物医疗、干细胞	83	—	—	93	—	81
11	汽车技术、智能交通系统、环境友好型汽车	57	—	—	89.5	—	81.5
12	空间技术、航空航天装备	—	—	81.5	—	80.5	79
13	心脑血管病和肿瘤等重大非传染病防治	—	91	—	—	—	85.5
14	信息通信技术	—	59	—	—	80	—
15	新型量子器件、量子信息安全技术	58	—	—	—	—	79.5
16	脑与认知科学	—	—	—	88.5	—	—

续表

序号	重点领域	美国	日本	英国	韩国	欧盟	中国
17	智能电网	—	—	—	87	—	—
18	食品安全	—	—	—	—	81	—
19	健康信息技术	80.5	—	—	—	—	—
20	3D 打印	—	—	—	76	—	—
21	高温超导技术及材料	—	—	—	—	—	82.5
22	数字网络	—	—	82.5	—	—	—
23	节能技术	—	75.5	—	—	—	—
24	灾害预测技术	—	71	—	—	—	—
25	合成生物和生物制造	—	—	83.75	—	—	—

（1）美国、英国、韩国、欧盟及中国 5 个国家和地区相同的科技发展重点领域布局为材料基因组、新兴工程材料、先进材料。

（2）美国、日本、英国、韩国及欧盟和地区 5 个国家相同的科技发展重点领域布局为人工智能与机器人、智能制造。

（3）美国、日本、英国及欧盟 4 个国家和地区相同的科技发展重点领域布局为纳米材料与纳米科学与纳米技术，可再生能源及有效利用、绿色能源，安全和有效的药物、医药健康。

（4）日本、英国、韩国及欧盟 4 个国家和地区相同的科技发展重点领域布局为生物医学工程与生物材料。

（5）英国、韩国、欧盟及中国 4 个国家和地区相同的科技发展重点领域布局为全球气候和环境变化。

（6）美国、日本、英国及中国 4 个国家和地区相同的科技发展重点领域布局为转基因生物技术、基因育种。

（7）美国、英国、韩国及中国 4 个国家和地区相同的科技发展重点领域布局为大数据分析与高性能计算及应用。

（8）美国、韩国及中国 3 个国家相同的科技发展重点领域布局为基因医学、疾病预测、生物医疗、干细胞，汽车技术、智能交通系统、环境友好型汽车。

（9）英国、欧盟及中国 3 个国家和地区相同的科技发展重点领域布局为空间技术、航空航天装备。

（10）日本及中国 2 个国家相同的科技发展重点领域布局为心脑血管病和肿瘤等重大非传染病防治。

（11）日本及欧盟 2 个国家和地区相同的科技发展重点领域布局为信息通信技术。

（12）美国及中国 2 个国家相同的科技发展重点领域布局为新型量子器件、量子信息安全技术。

（13）美国与其他国家不同的科技发展重点领域布局为健康信息技术。

（14）日本与其他国家不同的科技发展重点领域布局为节能技术、灾害预测技术。

（15）英国与其他国家不同的科技发展重点领域布局为数字网络、合成生物与生物制造。

（16）韩国与其他国家不同的科技发展重点领域布局为脑认知科学、智能电网、3D 打印。

（17）欧盟与其他国家不同的科技发展重点领域布局为食品安全。

（18）中国与其他国家不同的科技发展重点领域布局为高温超导技术及材料。

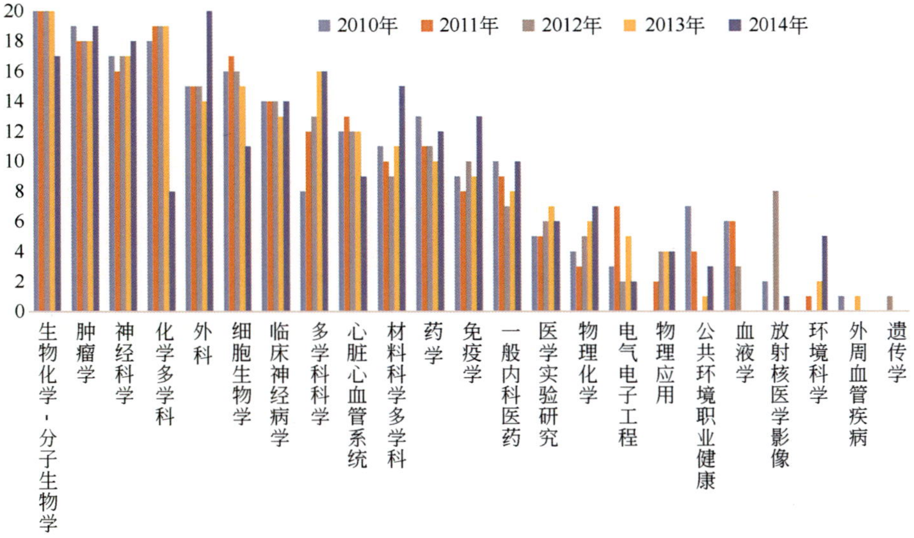

图 2-1 美国 SCI 论文研究重点领域权重排名变化

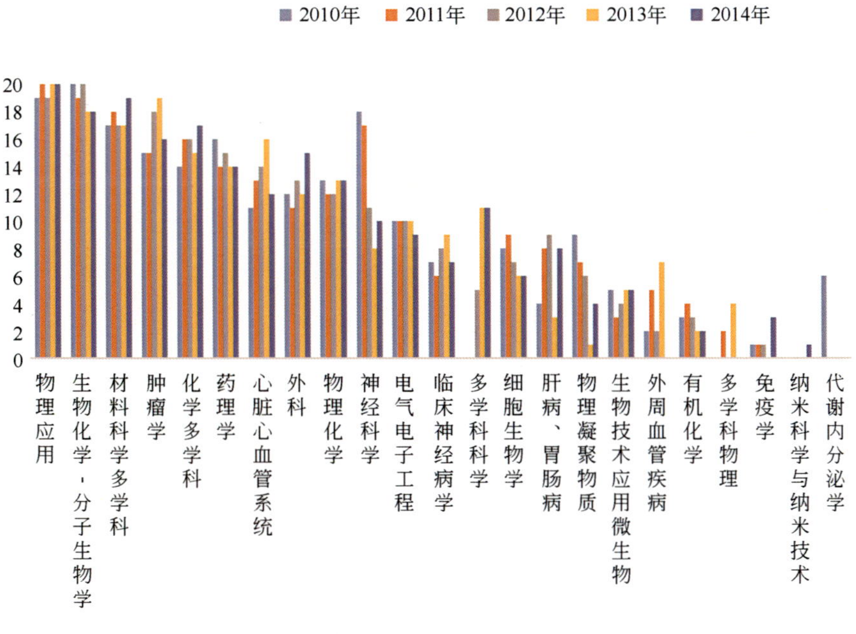

图 3-1 日本 SCI 论文研究重点领域权重变化

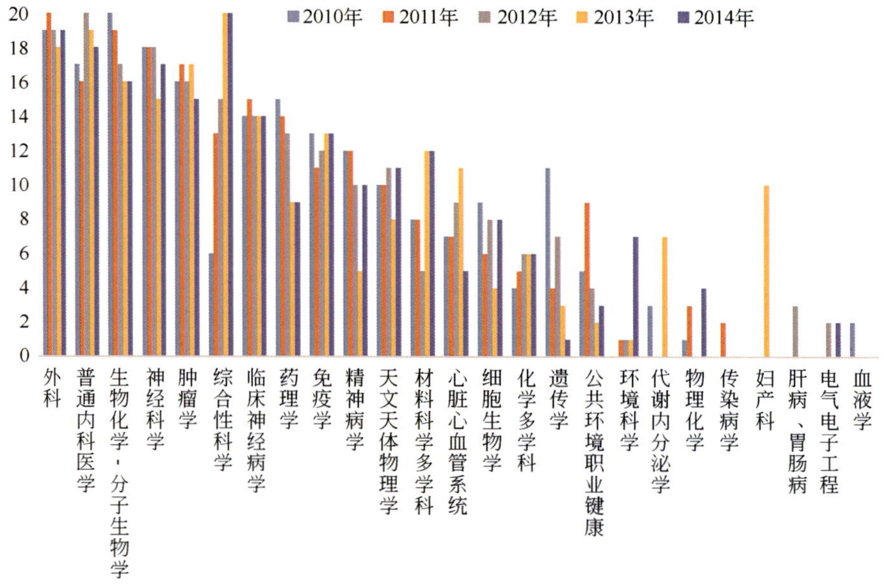

图 4-1　英国 2010—2014 年 SCI 论文 Top20 的重点领域权重变化

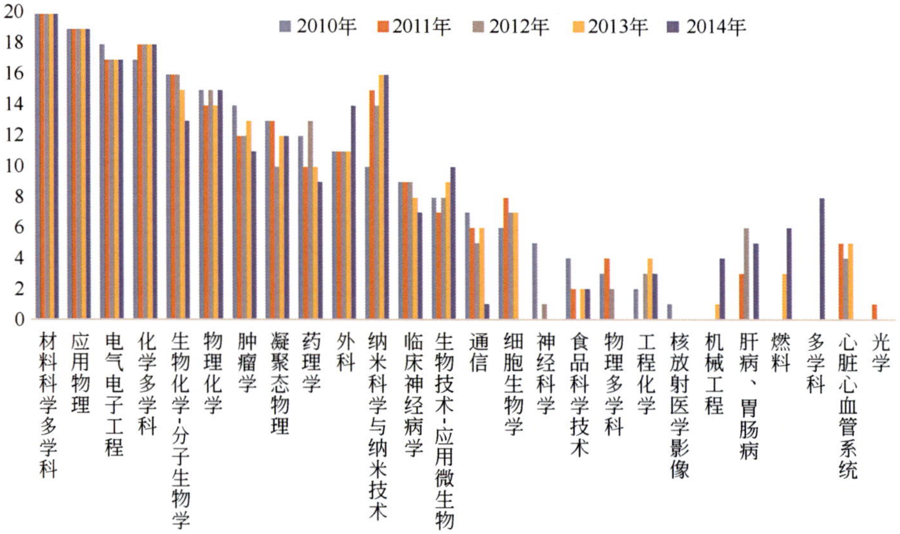

图 5-1　韩国 2010—2014 年 SCI 论文重点领域权重变化

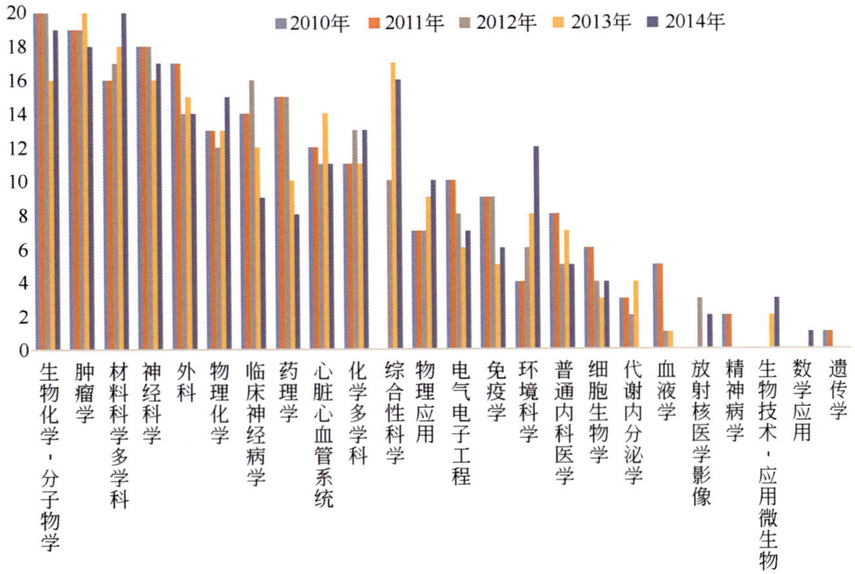

图 6-1　欧盟 2010—2014 年 SCI 论文重点领域权重变化

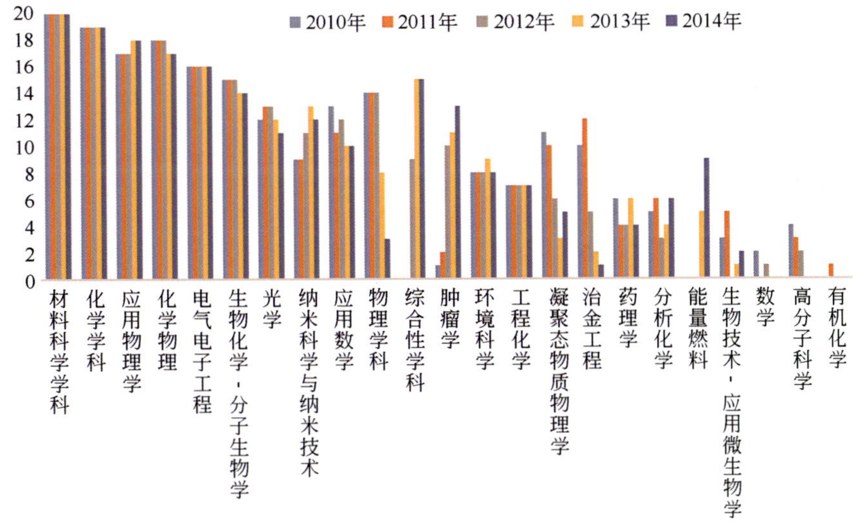

图 7-1　中国 2010—2014 年 SCI 论文重点领域权重变化